岩溶水文过程及其识别

YANRONG SHUIWEN GUOCHENG JI QI SHIBIE

罗明明 周 宏 著

内容简介

本书以鄂西典型岩溶槽谷区为例,刻画并识别了岩溶水文过程中的产汇流过程、溶质运移过程和热传递过程,探讨了岩溶水文过程的控制机理及影响因素,介绍了岩溶水文过程调查监测及模拟评价的相关理论与技术方法。本书可作为地下水科学与工程、水文与水资源工程等专业高年级本科生及研究生的教学参考用书,也可供水文地质、环境地质、工程地质等相关行业的从业人员参考。

图书在版编目(CIP)数据

岩溶水文过程及其识别/罗明明,周宏著. —武汉:中国地质大学出版社,2022.12
ISBN 978-7-5625-5463-9

Ⅰ.①岩⋯ Ⅱ.①罗⋯ ②周⋯ Ⅲ.①岩溶水-水文-地质学 Ⅳ.①P641.134

中国版本图书馆 CIP 数据核字(2022)第 233190 号

岩溶水文过程及其识别		罗明明 周 宏 著
责任编辑:周 豪	选题策划:周 豪	责任校对:张咏梅
出版发行:中国地质大学出版社(武汉市洪山区鲁磨路388号)		邮政编码:430074
电 话:(027)67883511	传 真:(027)67883580	E-mail:cbb @ cug.edu.cn
经 销:全国新华书店		http://cugp.cug.edu.cn
开本:787 毫米×1092 毫米 1/16	字数:237 千字	印张:9.25
版次:2022 年 12 月第 1 版		印次:2022 年 12 月第 1 次印刷
印刷:湖北睿智印务有限公司		
ISBN 978-7-5625-5463-9		定价:78.00 元

如有印装质量问题请与印刷厂联系调换

前　言

　　岩溶水文过程是指岩溶水系统中水流及其携带物质的运动和转化过程。从地下水的渗流场、化学场和温度场来看，岩溶水文过程涉及产汇流过程、溶质迁移过程和热量传递过程。

　　本书选取中国南方鄂西地区典型的岩溶槽谷区为例，通过案例研究的形式，总结了岩溶水系统的结构特征，刻画并识别了岩溶水动态响应过程、溶质运移过程和热量传递过程，探讨了各个过程的控制机理，并对工程案例加以应用实践。具体内容如下：第一章总结了鄂西黄陵穹隆周缘的岩溶水系统结构特征，并对香溪河流域内的几个典型岩溶水系统进行了介绍；第二章介绍了降水-洼地产汇流-地下河之间的水文动态响应关系，并提出了基于岩溶水动态模拟的补给面积计算方法；第三章介绍了岩溶水溶质运移的基本原理，对野外尺度的人工示踪试验结果进行了剖析，再对岩溶裂隙系统和管道-裂隙系统构建室内物理模型，探讨了溶质运移过程及溶质储存-释放过程的控制机制；第四章介绍了岩溶水热传递的基本原理，开展了不同热响应模式的温度模拟，并探讨了岩溶水热传递的控制因素；第五章以峡口隧道涌突水为例，系统地总结运用水文过程调查、观测与模拟评价方法，对涌突水的来源进行了识别，并对涌突水过程进行模拟预测。

　　本书的内容是基于国家自然科学基金面上项目"脉冲式补给条件下岩溶管道与裂隙的溶质交换过程与机理研究"、国家自然科学基金青年科学基金项目"灌入式补给条件下岩溶水系统中溶质的存储-再释放过程研究"、中国地质调查局项目"湖北宜昌兴山香溪河岩溶流域1:5万水文地质调查"和"宜昌长江南岸岩溶流域1:5万水文地质环境地质调查"等的研究成果进行总结而得出的，凝练了项目组许多成员的成果结晶和辛勤付出，在此表示诚挚感谢。在本书的撰写过程中，感谢郭绪磊、季怀松、廖春来、陈静、万里等在材料组织和图件绘制上提供的帮助，感谢王静、徐羽辉、周志浩、彭翔宇、赵泽浩对本书各章节的校对，感谢林翔、张亮、尹德超等在撰写思路探讨上提供的宝贵建议。

　　在2018年出版了《香溪河流域岩溶水循环规律》之后，我们深刻地感觉到，还有很多悬而未决的难题，本书则是在这之后做的一些新的探索。但是，直到今日，我们仍然觉得摆在我们面前的，还有很多有趣的问题没有得到很好的回答，或许我们目前所做的一些回答也并不一定是最合适的，这激励着我们继续努力下去。我们十分希望有更多的人关注岩溶水，一起参与探讨。本书难免存在错漏之处，恳请读者指正，对本书的批评与建议请发至电子邮箱：luomingming@cug.edu.cn。

著者

2022年8月于武汉

目 录

1 岩溶水系统结构 ·· (1)
　1.1 黄陵穹隆地质环境概况 ··· (1)
　　1.1.1 水系分布特征 ··· (1)
　　1.1.2 地质构造背景 ··· (3)
　　1.1.3 水文地质特征 ··· (4)
　1.2 岩溶水系统结构特征 ··· (6)
　　1.2.1 岩溶水流系统分类 ·· (6)
　　1.2.2 岩溶水流系统统计特征 ··· (8)
　　1.2.3 水文动态响应特征 ·· (11)
　　1.2.4 温度场特征 ··· (13)
　　1.2.5 电导率特征 ··· (15)
　1.3 岩溶水流系统特征差异 ··· (16)
　　1.3.1 成因差异分析 ··· (16)
　　1.3.2 多级水流系统结构 ·· (18)
　1.4 香溪河流域岩溶水系统特征 ··· (19)
　　1.4.1 黄粮岩溶槽谷区 ·· (19)
　　1.4.2 榛子岩溶槽谷区 ·· (22)
　　1.4.3 峡口岩溶峡谷区 ·· (23)

2 岩溶水产汇流过程 ··· (28)
　2.1 岩溶洼地产汇流过程 ··· (28)
　　2.1.1 落水洞与泉水位响应特征 ··· (29)
　　2.1.2 洼地产流阈值估算 ·· (30)
　　2.1.3 洼地产汇流影响因素 ··· (32)
　2.2 岩溶地下河动态响应 ··· (36)
　　2.2.1 岩溶洼地的水文响应过程 ··· (36)
　　2.2.2 岩溶地下河的水文响应过程 ·· (39)
　2.3 岩溶水动态模拟与补给面积估算 ··· (41)
　　2.3.1 动态模拟及补给面积计算方法 ··· (42)

  2.3.2 雾龙洞地下河 ……………………………………………………………… (45)
  2.3.3 桂林丫吉试验场 S31 岩溶泉 ………………………………………… (46)
  2.3.4 方法适用性探讨 ………………………………………………………… (48)

3 岩溶水溶质运移过程 ……………………………………………………………… (49)
3.1 岩溶水溶质运移基本原理与控制因素 …………………………………… (49)
  3.1.1 岩溶水溶质运移过程 …………………………………………………… (49)
  3.1.2 岩溶水溶质运移过程观测 ……………………………………………… (51)
  3.1.3 溶质运移与交换控制因素 ……………………………………………… (53)
  3.1.4 岩溶水溶质运移过程模拟 ……………………………………………… (53)
3.2 野外尺度的溶质运移规律 ………………………………………………… (55)
  3.2.1 示踪方法及概念模型 …………………………………………………… (55)
  3.2.2 人工示踪试验过程 ……………………………………………………… (57)
  3.2.3 溶质运移过程模拟 ……………………………………………………… (58)
  3.2.4 溶质储存-再释放量估算 ………………………………………………… (58)
3.3 岩溶裂隙系统中的溶质运移 ……………………………………………… (61)
  3.3.1 物理模型构建及实验方法 ……………………………………………… (63)
  3.3.2 示踪剂浓度历时曲线 …………………………………………………… (65)
  3.3.3 裂隙结构对溶质迁移的影响 …………………………………………… (66)
  3.3.4 洼地蓄水量对溶质运移的影响 ………………………………………… (69)
3.4 管道-裂隙系统中的溶质运移 ……………………………………………… (70)
  3.4.1 物理模型构建及实验方法 ……………………………………………… (72)
  3.4.2 裂隙储水与释水过程 …………………………………………………… (77)
  3.4.3 溶质运移穿透曲线变化 ………………………………………………… (82)
  3.4.4 溶质储存-释放机制及过程模拟 ………………………………………… (84)
  3.4.5 溶质储存-释放质量的量化 ……………………………………………… (86)

4 岩溶水热传递过程 ………………………………………………………………… (89)
4.1 岩溶水热传递基本原理与模拟方法 ……………………………………… (89)
4.2 岩溶泉的热响应及温度模拟 ……………………………………………… (93)
  4.2.1 岩溶泉的热响应规律 …………………………………………………… (93)
  4.2.2 脉冲温度模拟 …………………………………………………………… (95)
  4.2.3 基流温度模拟 …………………………………………………………… (98)
4.3 岩溶水热传递的控制因素 ………………………………………………… (98)
  4.3.1 循环深度和热平衡深度 ………………………………………………… (98)

  4.3.2 水力直径和地下水流速 ……………………………………………… (99)
  4.3.3 补给温度的季节变化 ……………………………………………… (100)
 4.4 岩溶水系统热迁移的概念模型 ………………………………………… (101)

5 岩溶隧道涌突水过程识别 ………………………………………………… (103)
 5.1 峡口隧道涌突水历史 …………………………………………………… (104)
 5.2 岩溶涌突水来源识别 …………………………………………………… (106)
  5.2.1 隧道稳定排水来源识别 …………………………………………… (106)
  5.2.2 隧道涌突水来源识别 ……………………………………………… (110)
 5.3 岩溶涌突水过程模拟与预测 …………………………………………… (115)
  5.3.1 模型参数估算 ……………………………………………………… (116)
  5.3.2 涌突水过程模拟与预测 …………………………………………… (116)
  5.3.3 模型校验 …………………………………………………………… (118)
 5.4 涌水点汇水范围估算 …………………………………………………… (119)

后 记 ……………………………………………………………………………… (120)

主要参考文献 …………………………………………………………………………… (122)

1 岩溶水系统结构

我国西南地区是世界上碳酸盐岩出露面积最大、岩溶最为发育的区域之一。岩溶地下水是当地生产生活的主要水源。岩溶发育的非均质性和不同地貌、水系组合特征导致了地下水资源时空分布不均和区域的差异性。地下水流系统划分和研究是地下水资源开发利用、污染防治与修复等工作的基础。

地下水流系统是由一个或多个补给区流向一个或多个排泄区的流线簇构成的时空有序、相互作用的流动地下水体,因此地下水流系统是研究水质(水温、水量)时空演变的理想框架与工具(梁杏等,2015)。前人对岩溶水流系统的特征已开展了大量的研究,但更多的是从供水角度反映岩溶水流系统的结构特征(罗明明等,2015b;陈萍和王明章,2015;潘晓东等,2015;范威等,2020)。同时,限于调查精度和研究手段,对岩溶水流系统边界条件、内部结构特征和渗流场、温度场、化学场的区域对比研究开展的工作较少。

前人对岩溶水系结构的研究结果认为,岩溶地表、地下水系结构均符合霍顿水系结构定律(祝安等,2000),地表地貌形态也是地质条件的外部表现,因此,地表水系和流域的研究思路可以用来研究岩溶水流系统的地下水系结构和系统特征。

本书主要涉及的研究区为鄂西香溪河流域,位于黄陵穹隆西部,因此本书以黄陵穹隆及其周缘为例,来分析岩溶水系统的总体结构特征。黄陵穹隆位于湖北省西部,位于中扬子陆块北缘及多个构造单元的交织部位,是研究华南板块陆内构造变形的重要窗口。在背斜四周覆盖着自南华纪以来较为完整和连续的沉积地层,是我国典型的岩溶槽谷地貌区。举世闻名的三峡大坝便坐落在黄陵岩体之上。自葛洲坝、三峡大坝修建以来,已有大量学者围绕该区的水文地质问题展开研究(罗明明等,2014;张亮等,2015;尹德超等,2015;罗利川等,2018;郭绪磊等,2020;Luo et al.,2016d),为本书的相关研究奠定了良好的基础。本章在前期1∶5万水文地质调查和前人研究成果的基础上,借鉴地表水系结构特征的研究方法,对黄陵穹隆周缘岩溶水流系统特征进行对比,并讨论其成因,具有一定的理论意义和工程实践价值。

1.1 黄陵穹隆地质环境概况

1.1.1 水系分布特征

研究区内长江穿黄陵穹隆而过,学界普遍认为地质历史时期黄陵背斜为华西、华东的分水岭,岭西之水流入归州盆地和四川盆地,岭东之水则向东流,后来三峡贯通,长江流入东海。但长江三峡河流袭夺的时间一直存在争议,一般认为在 0.12~0.20Ma 之间切开黄陵背斜分水岭,形成新的长江(张信宝等,2018;赵诚,1996)。现阶段,长江沿江两侧发育多条南北向河流(图1.1),北侧发育有香溪河、黄柏河、沮漳河等河流,流域面积多大于1000km²;而南岸九畹溪、茅坪河、卷桥河、松门溪等河流,流域面积为 300~900km²(图1.2)。从级次上看,南岸支流均为长江的二级支流,但从规模上来讲相差较大,在此将它们合并称为南岸水系。

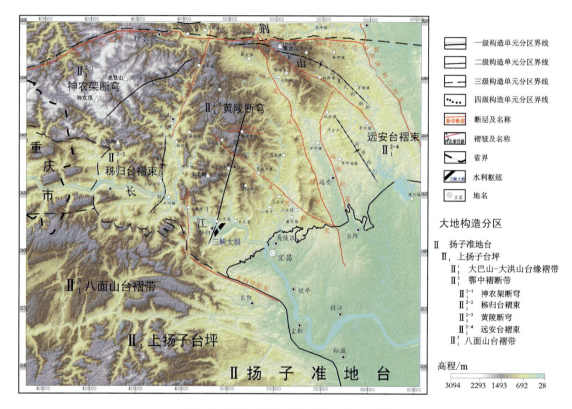

图1.1 黄陵穹隆周缘水系和构造分布图

地表水往往是地下水的排泄基准,是地下水最主要的汇。长江是研究区内最低的排泄基准,也是最终的汇。在岩溶流域,枯水期的地表水也均由地下水排泄而成。岩溶大泉或地下河均为四级或五级水系的源头,地表水与地下水转化关系复杂且频繁,部分地表水系由古地下河发育而来,存留的岩溶嶂谷地貌即为凭证。因此,水系的展布形态也能反映地下水的运移规律。

水系的展布规律受气象、地形和地质构造等因素的综合影响。研究区干流水系的展布规律与构造线的方向基本吻合,总体为近南北向(图1.1)。在黄陵穹隆西北翼,地表水系以北北东向为主,显然是由河谷处于神农架穹隆与黄陵背斜之间的宽缓向斜过渡带,主要构造线方向为北北东向决定的,而到了西翼香溪河干流就转为以南北向为主。黄陵穹隆东翼如沮漳河、黄柏河的水系展布方向主要为北北西向,与通城河断裂的方向完全一致。在黄陵穹

1 岩溶水系统结构

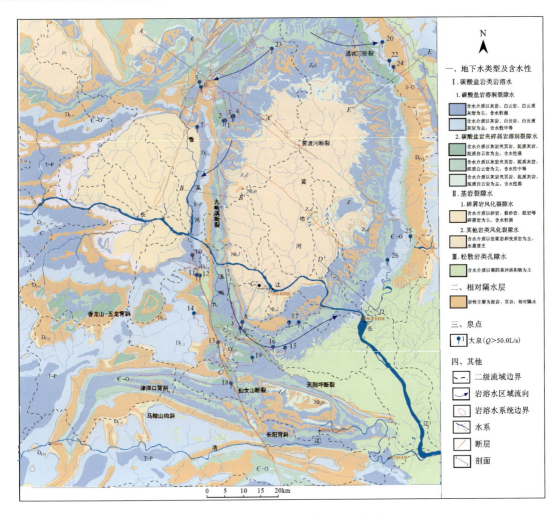

图 1.2 黄陵穹隆及其周缘水文地质图

隆的北翼受青峰褶皱带的影响,构造线以东西向为主,发育有近东西向的霸王河。除大的构造单元影响外,多期次构造运动形成的节理、裂隙不仅控制了地下水的运移路径,也影响了水系的发育(郭绪磊,2019)。

1.1.2 地质构造背景

黄陵穹隆位于中扬子陆块北缘,北邻秦岭-大别造山带,并处于大巴山褶皱带与齐岳山-八面山褶皱带东延的交会处。区内主要构造单元为黄陵背斜,与黄陵背斜相邻的构造单元分别为其西北侧的神农架背斜、南侧的长阳-张家河背斜、西南侧的香龙山背斜、西侧的秭归向斜、东侧的远安地堑、东南侧的宜昌斜坡(邓铭哲,2018)(图 1.1、图 1.2)。复杂的地质格架塑造了奇特的地貌景观和形态各异的岩溶水系统。

地质历史时期,区内黄陵背斜主要经历了 4 个构造隆升过程,在不同的地质历史时期,该地区的构造形迹不同,共同形成了如今的地质格架。随着晋宁造山运动的结束,整个研究区转化为稳定地台环境，进入沉积盖层发展阶段。研究区盖层沉积极为发育，伴随着有规律的海侵海退，以沉积多套浅海-台地相的碳酸盐岩与陆源碎屑岩地层为主。印支-燕山造山运动为区内最主要的构造运动，结束了研究区海相盆地的演化历史，奠定了研究区现今的构造格架。研究区印支期表现为近东西向褶皱和断裂，燕山期构造变形以北东向、北北东向和北北西向脆性正断层为主，喜马拉雅期表现为由南向北的脆性逆冲断层，新构造运动以来一直处于较快速隆升的过程中(张婉婷，2016；徐大良等，2013)，表现为差异升降和剥蚀夷平，形成了研究区山高谷深、坡陡崖悬的地形地貌。研究区多期次的地质活动，形成了如今的地貌水系格局，并控制了不同时期岩溶演化的排泄基准面。

如图 1.2~图 1.7 所示，黄陵背斜东翼到当阳向斜西翼整体为局部小规模揉皱的单斜构造，产状平缓，倾角 8°~15°，局部达 20°。西翼位于黄陵背斜与秭归向斜复合部位，整体为单斜构造，地层倾角自黄陵背斜西翼近 8°渐变为 54°。西北翼为黄陵背斜与神农架穹隆之间的宽缓向斜，构造线方向为北北东向，向斜两翼地层产状较缓，倾角 4°~12°，核部受新华断裂和小谷山断裂切割，地层倾角较陡，为 25°~45°，至核部逐渐变缓。向斜西北翼与神农架穹隆过渡带的古夫河西北岸沿线，地层总体向南东倾，倾角 15°~30°。中部古夫河、咸水河一带，有相邻的北东向紧密背斜、向斜皱褶，向神农架穹隆过渡，受褶皱影响地层产状变化大。黄陵穹隆北翼和南翼以平缓的单斜地层为主，倾角 4°~20°，局部有小规模揉皱。

1.1.3 水文地质特征

研究区内地层从太古宇、古生界、中生界至新生界出露连续且齐全。其中，太古宙和元古宙变质岩分布于流域东南部黄陵结晶基底区；古生代和中生代的沉积盖层大面积分布于黄陵穹隆四周，形成"莲花宝座"地质地貌形态；新生代松散沉积层零星分布于河流沟谷地带。根据赋存埋藏条件及分布规律，区内地下水可分为松散岩类孔隙水、碳酸盐岩类岩溶水和基岩裂隙水三大类。

在地下水系统理论指导下，划分含水系统和地下水流系统作为本研究的基本单元。基于实测剖面、岩矿分析、裂隙测量、岩溶统计、泉点统计等手段对含水层的含水性进行分析评价，对划分出的含水岩组与隔水岩组进行空间组合分析，将隔水岩组作为含水系统的外部边界，隔水岩组与含水岩组的分界线即构成含水系统的边界线。含水系统的划分结果见表 1.1。

含水系统的划分在不同构造部位有所相变，如寒武系覃家庙组在黄陵穹隆西翼香溪河流域可以三分：一段、三段为相对隔水层；二段是较好的含水层，是榛子乡地区目前地下水钻探开采的主要目的层位。而其他地区一般表现为两分：一段为相对隔水层；二段是较好的含水层。多个岩溶大泉如黄龙洞即出露在一段和二段分界处，由于一段的相对隔水而排泄。

含水系统的规模和特征限制了地下水运移路径的长短和岩溶含水介质发育的程度，进而限制了岩溶水流系统的规模。研究区按照岩溶发育特征、岩溶地下水赋存条件，并结合地下水补径排条件等，在含水系统的基础上可划分为表层岩溶泉系统、分散流系统、集中排泄的岩溶大泉系统和地下河系统。前两者分布广泛、系统面积小且监测难度大，本书主要以集中排泄所代表的主要岩溶水流系统为对象开展对比研究。

1 岩溶水系统结构

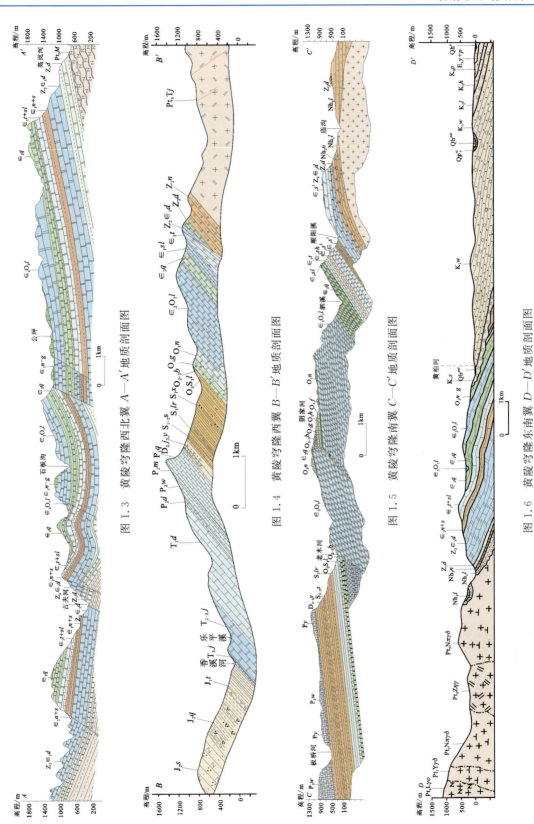

图1.3 黄陵穹隆西北翼 A—A′ 地质剖面图

图1.4 黄陵穹隆西翼 B—B′ 地质剖面图

图1.5 黄陵穹隆南翼 C—C′ 地质剖面图

图1.6 黄陵穹隆东南翼 D—D′ 地质剖面图

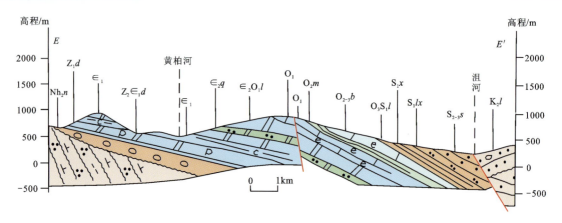

图 1.7 黄陵穹隆东翼 E—E′ 地质剖面图

表 1.1 研究区含水系统划分结果

一级	二级	三级	地层	厚度/m
	松散岩类孔隙含水系统（Ⅰ）		Q	<10
岩溶含水系统（Ⅱ）	震旦系岩溶含水系统		Z	515
	下寒武统岩溶含水系统		$\epsilon_1 s^2$	180
	寒武-奥陶系岩溶含水系统	寒武系天河板组-覃家庙组岩溶含水系统	$\epsilon_1 t - \epsilon_2 q$	440
		寒武-奥陶系娄山关组-奥陶系红花园组岩溶含水系统	$\epsilon_2 O_1 l, O_1 h$	303~583
		奥陶系牯牛潭组-宝塔组岩溶含水系统	$O_2 g - O_{2-3} b$	72
	二叠-三叠系岩溶含水系统	二叠系岩溶含水系统	P	363
		三叠系岩溶含水系统	T	1242~1297
基岩风化裂隙含水系统（Ⅲ）	碎屑岩孔隙裂隙含水系统		J、K	
	岩浆岩、变质岩风化裂隙含水系统		Ar-Pt	

1.2 岩溶水系统结构特征

1.2.1 岩溶水流系统分类

地下水流系统可以从多个角度进行分类研究。本书借鉴水文地貌学中水系分类方法，将落水洞或宽大裂隙作为地下水系的源头，岩溶大泉或地下河出口作为地下水系的河口。地表岩溶发育的不同地貌类型如岩溶洼地、槽谷可以指示地下水运移通道的位置及方向,即地下水系的干流或支流的位置和方向。同时,前期开展的示踪试验不仅圈出了地下分水岭的位置,同时也确定了地下水的源汇关系。洞穴的探测也很好地认识了地下水系的结构特征。在此基础上,可以依据地下水系特征初步将研究区岩溶水流系统分为4类(郭绪磊等,2022),如图1.8所示。该分类方法能够综合地反映岩溶水流系统的地表-地下发育特征和补径排关系。

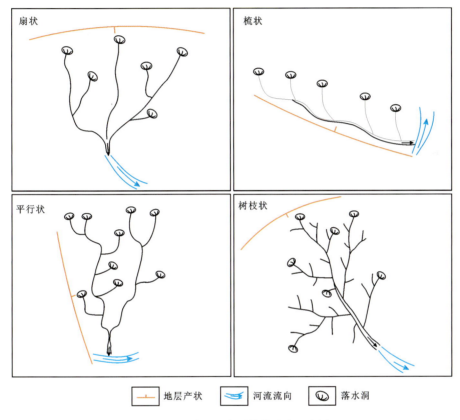

图 1.8　岩溶地下水系结构形态示意图

(1)扇状地下水系:特征是水系呈扇状,支流岩溶发育程度高,各支流向一点集中,干流短而不明显。扇状水系主要出露于范围广、倾角小的单斜或双层碳酸盐岩地区,受小的向斜构造、断层的影响能够汇集形成扇状区域范围内的地下水。地表地貌形态多为岩溶洼地和岩溶斜坡的组合类型,多形成平行状的岩溶洼地,洼地长轴方向与地下水系干流方向不一定一致,后落水洞呈灌入式补给地下水,含水介质以宽大裂隙-管道-洞穴为主,一般具有大于2条的主要支流,干流较短,接近泉口。地下水多在构造影响下集中排泄,以岩溶大泉和地下河为主。岩溶水系统平面形态多为扇状,排泄点位于岩溶水系统中央最低处。

(2)梳状地下水系:特征是支流平行分布,均位于干流的一翼。梳状水系主要出露于背斜一翼的狭长、条状分布、大倾角的岩溶含水系统中或沿断裂带发育,往往发育大型的岩溶水系统。地表地貌形态多为串珠状的洼地,如酒甑子岩溶地下河,平面呈狭长的块状分布,纵向为阶梯状下降的形态，每个阶梯均发育有大型的岩溶洼地或岩溶漏斗，雨后通过落水洞灌入式补给地下水，沿支流在不同的位置汇入唯一的干流，受断层或隔水层的阻隔而溢流出露，以地下河为主。

（3）平行状地下水系：特征是岩溶发育程度高，支流相互平行或大致平行，并以近相等的交角汇入干流，当交角较小时，干流与支流也近似相互平行，形态若马尾。平行状水系是研究区大型岩溶水系统的主要地下水系类型，主要存在于出露范围广、倾角缓的单斜或双层碳酸盐岩地区。地表地貌形态多为交叉的峰丛洼地条带，洼地长轴方向与构造裂隙方向吻合，但往往主控裂隙方向的洼地发育长度较长，而次要构造裂隙控制发育的洼地长度较短，分别对应了岩溶地下水系的干流和支流。降雨多通过落水洞集中补给地下水，含水介质多以宽大裂隙-管道-洞穴为主，一般具有 1～2 条主要支流，地下水多因地形切割和隔水层的控制以侵蚀-接触成因排泄，以岩溶大泉和地下河为主。岩溶水系统平面形态多为长条状，集中排泄点位于岩溶水系统中间。

（4）树枝状地下水系：特征是岩溶发育程度低，支流多而不规则，支流以锐角汇入干流，呈树枝状分布。树枝状水系是源头地下水系普遍存在的一类，存在于高角度单斜地层地区。降雨分散入渗补给地下水后，地下水沿 2～3 组节理、裂隙在重力作用下阶梯状运移，形成树枝状水系，也是所有岩溶大泉、地下河或者分散排泄岩溶水流系统的源头水系。同时在部分高倾角的岩溶水系统（如响龙洞）中，地表地貌特征以岩溶槽谷和岩溶斜坡地貌为主，降雨后以裂隙分散入渗或通过斜坡上小型天窗集中补给，地下水的介质特征以裂隙-宽大裂隙-管道为主，地下水系具有多个干流和支流，地下水多因地表河流切割和隔水层的控制以侵蚀-溢流成因排泄，以岩溶大泉为主，很少发育至地下河规模。岩溶水系统平面形态多为不规则块状，地下水集中排泄点位于岩溶水系统的一角。

从岩溶含水介质、补给方式和水力梯度来看，4 类地下水系结构的汇水能力由大到小依次为梳状地下水系、平行状地下水系、扇状地下水系和树枝状地下水系。

1.2.2　岩溶水流系统统计特征

借鉴地表水系结构特征的研究思想，从岩溶水系统的长度、宽度、地层倾角、岩溶地下水主流向、水力比降等指标来描述岩溶地下水流系统的特征，总结不同地下水系结构的水流系统的规律和特征。2013 年以来，我们对 28 个表层泉、岩溶大泉和地下河的水位、温度、电导率进行长期监测。从监测结果来看，降雨补给后，地下水动态变化大，而基流的多年状态更加稳定，更能体现岩溶水系统的渗流场、温度场和化学场的总体特征，因此，本书采用多年基流态的监测数据特征作为岩溶水流系统的特征。

从岩溶水系统类型上来看，黄陵穹隆西北翼以平行状水系为主，还存在部分树枝状水系和梳状水系；西翼以树枝状水系为主；南翼以平行状水系和树枝状水系为主；东翼和北翼以扇状水系和平行状水系为主。

从岩溶水流系统规模和岩溶发育程度上来看（图 1.9）：黄陵穹隆周缘以中型岩溶水流系统为主（面积大于 $10 km^2$），发育少量大型岩溶水流系统（面积小于 $100 km^2$）。其中西北翼大型岩溶水流系统发育,多个水流系统面积相差不大,平均面积 16.5km²,平均径流模数 6.7L/(s·km²),主要发育在寒武-奥陶系岩溶含水系统中。西翼大型岩溶水流系统较少,以三叠系含水系统中的响龙洞岩溶水流系统为代表,面积 13km²,径流模数 3.23L/(s·km²)。南翼发育多个岩溶水系统,以清江-南岸水系地表分水岭为界,分水岭以北和以南的岩溶水系统平均面积分别为 8.55km² 和 52.2km²,平均径流模数分别为 6.22L/(s·km²) 和 8.9L/(s·km²),南岸水系流域内岩溶水系统数量多、规模小,岩溶发育程度明显低于清江水系流域。东翼总体岩溶水流系统规模小,主要发育在寒武-奥陶系岩溶含水系统中,发育 1 个大型岩溶水流系统,平均径流模数为 6.6L/(s·km²)。北翼大型岩溶水流系统较少,主要发育在寒武系含水系统中,岩溶水流系统平均面积和平均径流模数分别为 15.1km² 和 4.8L/(s·km²)。

与地表流域高差和水力梯度类似,岩溶水流系统的循环深度和水力比降也是刻画地下水循环的重要特征。黄陵穹隆周缘岩溶水流系统水力比降存在较大区别(图 1.9),从大到小依次为西翼、南翼、北翼、西北翼、东翼。这与 5 个区域地层产状密切相关(表 1.2),地层产状越大,水力比降越大。相对应的,岩溶水流系统的循环深度也表现出相似的规律,水力比降越大,地下水垂向运动动能越大,继而地下水流不断向下溶蚀,循环深度增大。

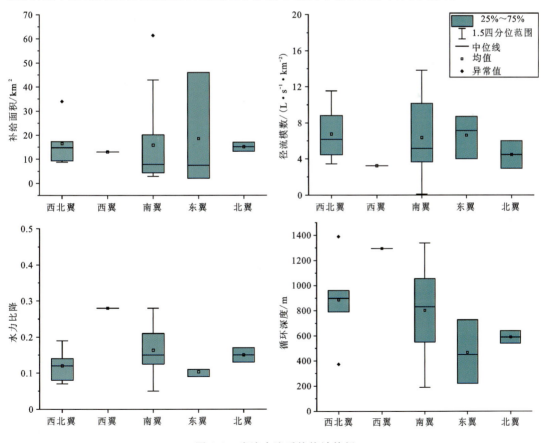

图 1.9 岩溶水流系统统计特征

表1.2 黄陵穹隆周缘典型岩溶水流系统特征统计表

部位	岩溶水流系统名称	类型	流量/(L·s⁻¹)	水温/°C	电导率/(μS·cm⁻¹)	面积/km²	地层	地层倾角/(°)	径流模数/(L·s⁻¹·km⁻²)	平面形态	长宽比	补给区最高点/m	平均补给高度/m	出口高度/m	高差/m	水力比降	地下水流方向/(°)
西北翼	黑龙泉	岩溶大泉	57	15.50	309	16.50	∈	19	3.45	平行状水系	3.36	1402	850	550	852	0.11	158
	白龙泉	岩溶大泉	60	15.30	343	9.30	∈	23	6.45	平行状水系	3.50	960	900	587	373	0.07	160
	雾龙洞	岩溶大泉	51	13.70	319	8.70	∈	19	5.86	平行状水系	4.93	1560	1150	600	960	0.13	166
	云龙洞	地下河	77	13.20	395	17.30	∈	19	4.45	梳状水系	2.56	1560	1200	615	945	0.14	187
	响水洞	岩溶大泉	300	14.30	355	34.00	∈	16	8.82	树枝状水系	4.31	1693	1060	304	1389	0.08	235
	水磨溪泉	岩溶大泉	150	16.10	378	13.00	∈	18	11.54	平行状水系	1.21	1140	760	349	791	0.19	287
西翼	响龙洞	岩溶大泉	42	13.80	238	13.00	O	46	3.23	梳状水系	1.21	1650	1300	356	1294	0.28	255
	鱼泉洞	地下河	36	14.50	249	9.80	T	10	3.67	平行状水系	3.82	1350	1170	309	1061	0.16	171
	迷宫泉	岩溶大泉	27	14.30	187	6.20	∈	8	4.35	梳状水系	13.17	1442	1148	430	1012	0.13	175
	NZK04	钻孔	0	14.20	200		∈	8				1442	1250	305	1153		
南翼	潭	岩溶大泉	200	13.20	248	18.60	T	32	10.75	扇状水系	1.09	1530	1150	191	1339	0.27	291
	周坪龙洞	地下河	5	13.50	174	4.80	P	22	1.04	平行状水系	2.62	1458	1250	816	642	0.19	120
	仙龙洞	岩溶大泉	12	11.60	163	3.30	E	25	3.64	树枝状水系	2.08	1550	1450	796	754	0.28	230
	仙鱼泉	地下河	300	14.60	184	21.70	O	36	13.82	平行状水系	1.16	1168	1050	499	669	0.13	42
	大鱼泉洞	岩溶大泉	100	14.70	223	9.50	P	24	10.53	树枝状水系	3.81	1320	1000	274	1046	0.17	310
	龙洞	地下河	15	16.50	394	2.90	∈	12	5.17	平行状水系	1.17	610	450	308	302	0.14	71
	忘忧泉	地下河	20	16.10	272	3.90	∈	10	5.13	平行状水系	1.25	896	550	438	458	0.23	100
	NZK06	钻孔	0	17.50	1350		∈	25						227			
东翼	潮水洞	岩溶大泉	20	15.80	394	4.80	∈	10	4.2	梳状水系	2.10	650	610	460	190	0.09	89
	五爪泉	岩溶大泉	350	15.60	249	42.90	O	25	8.16	平行状水系	1.17	1378	750	471	907	0.12	78
	酒醉子泉	地下河	600	13.70	215	61.40	∈	30	9.77	梳状水系	5.51	1670	1300	420	1250	0.05	97
	白龙泉	岩溶大泉	400	15.30	225.5	46.00	∈	10	8.70	扇状水系	0.77	1150	870	423	727	0.11	59
	百家泉	地下河	15	16.50	174.5	2.10	O	10	7.14	平行状水系	2.40	700	610	480	220	0.11	53
	老龙洞	岩溶大泉	30	14.90	204	7.50	∈	10	4.00	扇状水系	1.43	960	900	510	450	0.09	44
北翼	青龙口	岩溶大泉	60	11.00	200	17.00	∈	15	3.53	平行状水系	2.22	1820	1600	1180	640	0.13	145
	黄龙洞	地下河	80	13.00	240	13.20	∈	9	6.0	扇状水系	0.44	1260	1000	720	540	0.17	4

同时,从统计结果来看,平行状、扇状、梳状、树枝状4种不同地下水系结构具有不同的平面形态(图1.10),其长宽比均值分别为2.6、0.9、6.3、2.0,对应的径流模数分别为4.9L/(s·km²)、8.6L/(s·km²)、6.7L/(s·km²)、7.2L/(s·km²),表明长宽比越小,岩溶含水层具有越大的储水空间和汇水能力。在地层倾角较小的区域,往往发育形成平行状水系和梳状水系的岩溶水系统,其水力比降小;而大倾角的地层大多发育树枝状水系和扇状水系的岩溶水流系统,同时具有更大的水力比降。在重力的驱动下,地下水沿层面裂隙和构造裂隙阶梯状运移,水力比降越大,地下水垂向运动越优于水平运动,因此,前者往往发育1~2条主要的岩溶管道,而后者往往具有多条岩溶管道汇集流域内的地下水。总体而言,研究区内岩溶水流系统地下水的主要运移方向与构造密切相关,在黄陵穹隆的南、北两翼地下水多为近南北向水流运动,而在东、西两翼地下水多发育东西向的地下水系。在西翼的香溪河流域位于黄陵穹隆与神农架穹隆的复合部位,也发育有南北向的地下水系,这与黄陵穹隆抬升过程中应力释放形成的主控构造裂隙方向一致。层面裂隙产状控制了岩溶水系统的规模和形态,而构造裂隙的产状控制了地下水的运移规律。

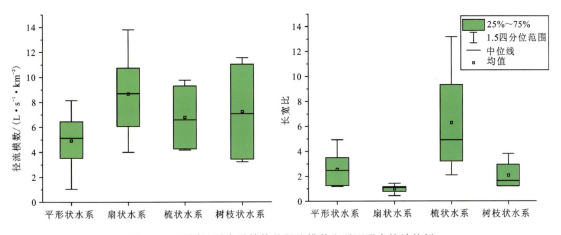

图1.10 不同地下水系结构的径流模数和平面形态统计特征

1.2.3 水文动态响应特征

水文流量过程线是渗流场特征的综合体现,蕴含着含水介质等硬结构和水文地质参数等软结构的综合信息。目前,基于指数衰减方程计算岩溶含水介质组成方面的研究方法已比较成熟,利用衰减方程可以将岩溶地下水的水文过程衰减曲线分为几个不同的阶段,每个阶段对应不同含水介质的释水过程,可以用来对比研究不同岩溶水流系统渗流场的特征。

本节对比了4种不同岩溶水系统在50mm左右单次降雨过程的响应特征(图1.11~图1.14)。从流量变化来看,雨后流量变化剧烈,均可达数十倍;从响应时间来看,扇状、平行状、树枝状、梳状岩溶水流系统的滞后时间分别为3h、3h、4h和6h;从洪峰形态来看,均为不对称左偏单峰型,流量变幅均达数十倍。扇状和平行状岩溶水流系统洪峰更加窄尖,其以管道为主的第一衰减阶段持续时间分别为15h和17h,树枝状岩溶水流系统次之(26h);梳状岩溶水流系统洪峰最为宽缓，第一衰减阶段持续时间最长，约38h，这除了与岩溶发育程度有关外，还由于扇状和平行状地下水系汇流距离短、汇流管道数量多，而梳状地下水系往往只发育1条汇流主管道，汇流途径长，雨后管道中地下水往往为有压流。扇状、平行状、树枝状、梳状岩溶水流系统第一衰减阶段管道含水介质释水量分别占总流量的0.11、0.4、0.02和0.21，进一步说明裂隙介质是岩溶含水层主要的储水空间，而管道含水介质主要起导水和汇水作用。树枝状岩溶水流系统以分散补给为主，管道发育最少，流量动态变化小；而其他3种岩溶水系统以落水洞灌入式补给为主，暗河管道发育，从而展示出强烈的水文动态变化。

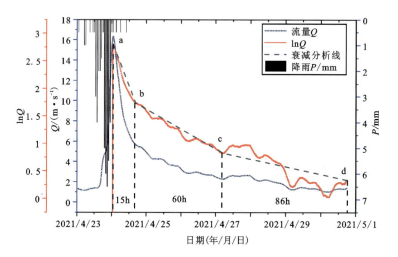

图1.11　白龙洞扇状岩溶水流系统的典型水文动态响应曲线

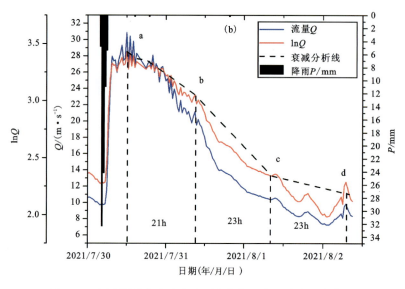

图1.12　酒甄子梳状岩溶水流系统的典型水文动态响应曲线

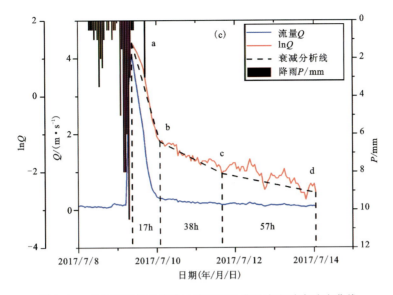

图 1.13 鱼泉洞平行状岩溶水流系统的典型水文动态响应曲线

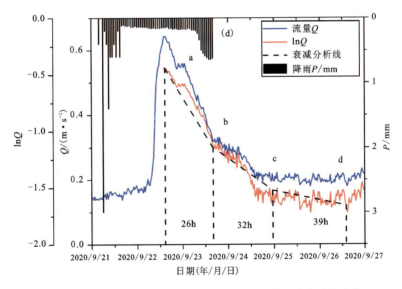

图 1.14 响龙洞树枝状岩溶水流系统的典型水文动态响应曲线

1.2.4 温度场特征

研究区各岩溶水系统平均的基流水温和补给高程呈现高度拟合的线性关系（图1.15），其温度梯度为$-4.43℃/km$，小于典型的大气温度梯度$-6℃/km$（图1.15），说明岩溶区地下水不仅受浅表气温的影响，而且在地下运移过程中得到了围岩的热量补给。总体而言，4种不同的岩溶水流系统的基流温度与出露高程相关性不大，而均与循环深度和补给高程

密切相关(图1.16),因此,建立了鄂西山区地下水温度线方程:

$$T(H,h)=19.25-0.005\,461H-0.003\,925h \tag{1.1}$$

式中:T为地下水多年平均温度(℃);H为地下水出露高程(m);h为地下水循环深度(m)。相关性评价指标$R^2=0.91$。

根据研究区多个洞穴和地下河探测工作,岩溶水系统的降雨补给—径流—排泄过程依次表现为开放式—半封闭式—开放式的特征。在补给区,通过落水洞和较大的溶蚀裂隙、风化裂隙,浅表气温对地下水影响大;而在径流区,地下水运移深度大,仅通过地下水流动带来的少量空气或少量裂隙与大气沟通,此时,围岩与地下水的交互作用占主导;在排泄区,地下水集中排泄口多以岩溶管道或暗河、洞穴形态出现,地下水与大气沟通密切。上述温度线可反映大气与围岩对地下水的共同作用,结合大气降水线可以共同识别岩溶水循环的特征。但是,4类岩溶水系统的温度梯度仍存在区别(图1.15)。平行状、扇状、树枝状岩溶水流系统地下水温度梯度与大气温度梯度基本接近,因前两者岩溶发育强烈,地下水沿管道或宽大裂隙运移,深部循环的时间较短,因此与围岩的热量交换较少;而树枝状岩溶水流系统虽然岩溶发育程度低,但同时地下水循环的深度较浅,地下水受大气温度影响较大,因此地下水与大气的温度随高程变化基本一致。梳状水系的岩溶水流系统地下水温度梯度小于大气温度梯度,这是由于其循环深度大、循环路径长,地下水运移过程中得到了热量的正补给。

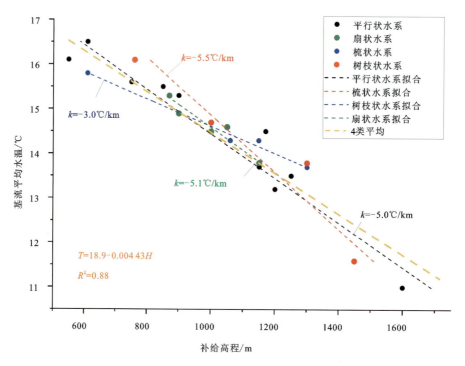

图1.15 不同类型地下水系的水温梯度

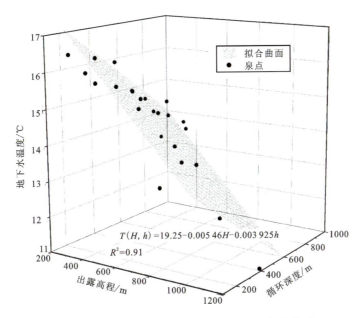

图 1.16 地下水温度与出露高程和循环深度的关系

1.2.5 电导率特征

电导率能够综合地体现岩溶水系统的水动力条件、岩性和水岩相互作用的特征(朱彪等,2019)。研究区不同类型地下水的电导率特征如图 1.17 所示。首先,温度对电导率有较大的影响,具有明显的线性正相关关系。随着温度增高,分子运动加快,从而表现为更高的电导率值。除此之外,碳酸盐岩的岩溶水系统比钙质胶结砾岩的岩溶水系统具有更高的电导率,显示出更强的水岩相互作用。同时,水力比降越大,地下水运动越快,水岩相互作用时间越短,电导率越低(图 1.17)。从统计结果来看,4 类地下水系结构中,扇状水系一般具有更大的水力比降和较低的电导率,因其补给方式以灌入式补给为主,岩溶管道发育且汇流路径短,因此水岩相互作用时间短,地下水电导率较低。与其对应的树枝状水系却有较高的电导率,这与其岩溶相对发育程度低,地下水运移以裂隙为主,水岩相互作用用时间长有关。平行状水系和梳状水系均具灌入式补给和管道集中排泄的补径排特征,因管道路径的长短而表现出不同的电导率值。统计结果显示,随着岩溶水流系统排泄流量的增加,电导率先增加后减小,在 100L/s 左右达到峰值,这可能与地下水循环的路径长短和含水介质有关。前期,随着岩溶水系统规模增大,系统能够汇集更大范围内的地下水,岩溶水循环路径增长,流量和电导率逐渐增大;然而,更大的流量增加了岩石的溶蚀量,加速了岩溶发育的过程,含水介质向导水能力更强的管道-裂隙演变,从而减少了水岩相互作用的时间,电导率呈下降态势,径流模数也表现出类似规律(图 1.18)。这反映了岩溶水流系统演化的过程。

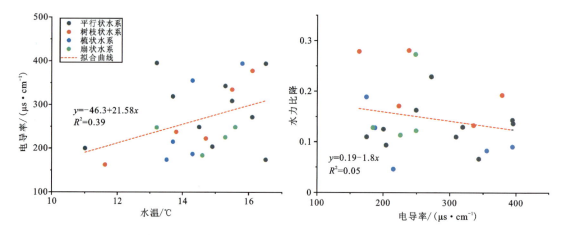

图 1.17 不同地下水系的电导率与水温、水力比降的关系

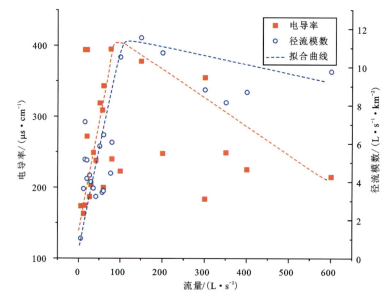

图 1.18 岩溶水系统流量与电导率、径流模数的关系

1.3 岩溶水流系统特征差异

1.3.1 成因差异分析

黄陵穹隆位于多个构造单元的复合部位,其周缘地区岩溶水流系统特征存在显著的差异,这与气候、地形地貌、水系结构和地质条件密不可分。

黄陵穹隆及其周缘横跨我国地形的二、三级阶梯,降雨量具有明显的"南多北少、东多西少"的特征(图1.19)。南、北两翼地貌为"岩溶洼地+峡谷地貌"组合形式,而东、西两翼以岩溶斜坡为主。前者通过洼地落水洞灌入式补给地下水,后者以降雨沿裂隙分散入渗补给为主,补给源的多少限制了岩溶水流系统发育,反映在岩溶水流系统和径流模数的差别上。

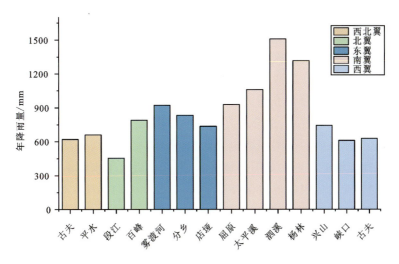

图1.19 黄陵穹隆周缘年降雨量直方图

在研究区,新构造运动呈现出间歇性抬升的特点,导致了河流不断下切,并形成了多个夷平面。这使得岩溶的发育也具有多期性,在水平与垂向发育间不断转换,因此岩溶地下河并非像地表溪流一样有自然变化的河床。在稳定期,水平方向的裂隙(层面裂隙或构造裂隙)汇水作用强,岩溶得到进一步的发育,塑造了如今的地下水系的支流。在抬升期,地下水下切能力强,沿节理密集带或断层沟通了相邻含水层的地下水系,岩溶水流系统的规模进一步扩大,并形成了地下水系的干流。新构造运动为不同地下水系的演化提供了动力,但地下水系结构的不同还与含水系统结构特征和水系的组合有关。

黄陵穹隆东、西两翼及南翼仙女山断裂以西的岩溶含水系统垂直于长江的三级水系而平行于二级水系,从而被切割为多个小型地下水流系统。构造裂隙起主要的汇水作用,地下河主管道近乎垂直于地层走向。地下水向两侧三级水系就近排泄,以侵蚀泉为主,形成四级水系的源头。在地层高倾角地区,地貌形态以岩溶斜坡为主,岩溶发育程度低,地下水系以树枝状为主,如响龙洞;在地层缓倾角地区,地表岩溶发育程度高,在向斜构造或断层汇水的作用下形成了扇状地下水系,如白龙洞。

黄陵穹隆南翼及西北翼地区的岩溶水系统与长江二级水系斜交并平行于长江三级水系。层面裂隙起到主要的汇水作用,隔水层阻水作用明显。地下河主管道平行或小角度交于地层走向,在隔水层的控制下向四级水系排泄,以接触泉为主,并形成平行状地下水系,多见于地层倾角较小的地区,如白龙泉。在地层倾角较大的地区,水力梯度大,位置较低的管道更容易袭夺位置较高的管道的地下水,从而演化成单支主管道的梳状水系。

1.3.2 多级水流系统结构

黄陵穹隆在不同级次的河流排泄基准面(汇)控制下发育了多个级次的水流系统特征。研究区岩溶水系统可划分为局部、中间、区域3个级次的水流系统(图1.20)。局部水流系统的排泄基准多为不同高程剥夷面上面的岩溶洼地或五-六级水系等低洼面,含水介质以具储水和导水功能的裂隙为主,并形成树枝状地下水系,这是绝大多数岩溶水系统普遍具有的末级水系。中间水流系统多以三-四级地表水系为系统边界,含水介质以具储水、导水功能的裂隙和具导水、汇水功能的管道介质为主,在不同的构造部位发育形成不同的地下水系结构,并普遍具有多源单汇的特点,部分还存在单源多汇的特点,这是由于研究区经历了几次间歇性的抬升,岩溶水系统的范围和结构也处于不断演化的过程中,位置更低、发育规模更大的岩溶管道往往能够汇集更大范围的地下水,袭夺临近地下水流系统的地下水系。与地表水不同的是,该演化特征很好地被保存了下来,表现为垂向多期次岩溶发育,因此形成了研究区相邻中间水流系统动态地下分水岭的典型特征。区域水流系统多以一-二级地表水系为排泄基准面,岩溶发育程度低,以树枝状水系为主。

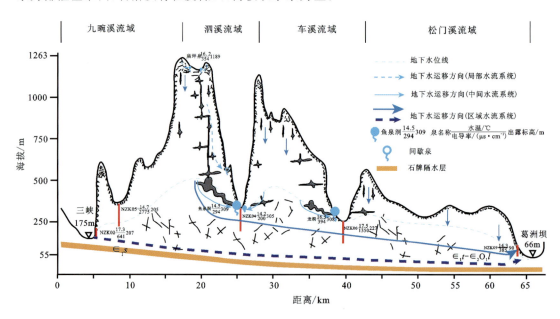

图1.20 多级岩溶水流系统结构模式

三峡大坝和葛洲坝水利工程的修建,改变了原有的排泄基本标高,部分暗河出口如震旦系熊猫洞、寒武系石龙洞等均被水库淹没。从研究区西侧到东侧,排泄基准由175m降为66m,远大于原有的水力梯度(葛洲坝修建前枯水期长江水位三斗坪为41m,宜昌为39.5m),同时也改变了库岸带原有的地表水-地下水转化关系。寒武-奥陶系含水系统连续稳定地分布在背斜四周,虽然受长江南岸多个小型支流切割,但多个钻孔均揭露了该含水系统岩溶大泉、地下河出口标高以下的水流,其中存在庙坪-鱼泉洞-NZK04孔-NZK06孔的区域水流系统,其温度、电导率随着运移路径的增长而增大,因此,可能存在三峡水库—葛洲坝水库的环黄陵穹隆区域地下水流。

1.4 香溪河流域岩溶水系统特征

本书主要的研究区位于黄陵穹隆西北翼的香溪河流域,根据不同典型研究案例的分析,分为黄粮岩溶槽谷区、榛子岩溶槽谷区、峡口岩溶峡谷区3个区域进行介绍。

1.4.1 黄粮岩溶槽谷区

黄粮岩溶槽谷区位于湖北省兴山县黄粮镇境内,是香溪河流域内一个典型的岩溶槽谷区,为台原型溶丘洼地地貌与溶蚀侵蚀中山峡谷地貌的组合形态。北部台原区为补给区,地面高程为900～1100m;南部峡谷区为排泄区,高岚河河床标高为350～550m,地形相对高差较大(图1.21)。该地区属于亚热带季风性气候,四季更替,降水充沛,年平均降雨量为900～1200mm,其中68%的降雨集中在每年的4—9月。

研究区所处构造部位为黄陵穹隆西北翼,出露地层产状稳定,倾向北西,倾角较为平缓。研究区整体长期构造抬升,地形切割强烈,地层自震旦系至志留系均有出露(图1.21),由老到新依次为:灯影组($Z_2\in_1 d$)、牛蹄塘组($\in_1 n$)、石牌组($\in_1 s$)、天河板组($\in_1 t$)、石龙洞组($\in_1 sl$)、覃家庙组($\in_2 q$)、娄山关组($\in_2 O_1 l$)、南津关组($O_1 n$)、牯牛潭组($O_1 g$)、宝塔组($O_{2-3} b$)、龙马溪组($O_3 S_1 l$)、新滩组($S_1 x$)等。其中,牛蹄塘组和石牌组($\in_1 n+s$)、志留系(S)均为泥岩、页岩、粉砂岩等碎屑岩地层;覃家庙组($\in_2 q$)和牯牛潭组($O_1 g$)为碳酸盐岩夹碎屑岩地层;其余均为白云岩、灰岩等碳酸盐岩地层。

寒武系牛蹄塘组和石牌组($\in_1 n+s$)泥岩、页岩分布连续,厚度大,构成寒武-奥陶系含水系统的隔水底板。西侧奥陶系灰岩上覆的志留系泥岩、粉砂岩连续展布,形成稳定的隔水边界。底边界及西侧边界均为地质零通量边界。东侧及南侧为地质边界,寒武系石牌组和牛蹄塘组隔水层直接暴露于高岚河北岸的陡崖上,在隔水层与含水层交接部位形成接触下降泉排泄,例如雾龙洞、云龙洞、黑龙泉、青龙口等(图1.22,图1.23)。

研究区南侧庙沟和高岚河北岸,自东向西出露有白龙泉、黑龙泉、雾龙洞、云龙洞、青龙口等多个岩溶泉,其在枯水期的最小流量为0.02～0.06m³/s,而在雨季的最大流量每秒可达数立方米。黑龙泉、雾龙洞、云龙洞、青龙口均出露于下寒武统天河板组,下寒武统石牌组构成隔水底板,形成接触下降泉。白龙泉出露于上寒武统—下奥陶统娄山关组。龙湾泉为表层岩溶泉,会出现季节性断流的现象,在枯水期,龙湾泉的流量为0.5～2L/s,而在暴雨后,其流量可达每秒数十升。根据氢氧同位素的估算,这些泉水出露于不同的海拔高度,具有不同的循环深度(Luo et at.,2018)。黑龙泉有着最深的循环深度(820m);青龙口和白龙泉则较浅,估算分别为200m和310m;龙湾泉处于表层岩溶带,具有最浅的循环深度,约为60m(表1.3)。

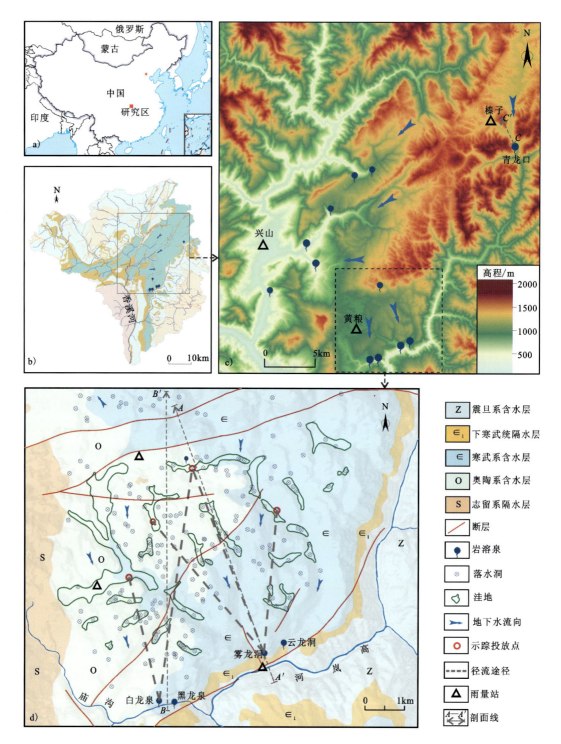

图 1.21 黄粮岩溶槽谷区水文地质图

1 岩溶水系统结构

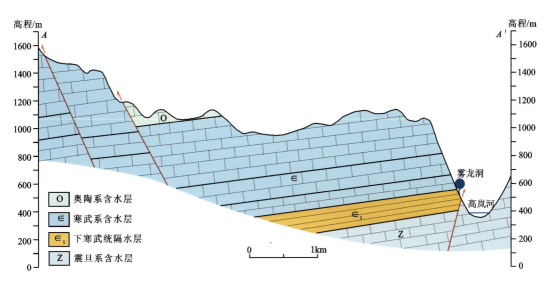

图 1.22 雾龙洞地下河水文地质剖面图

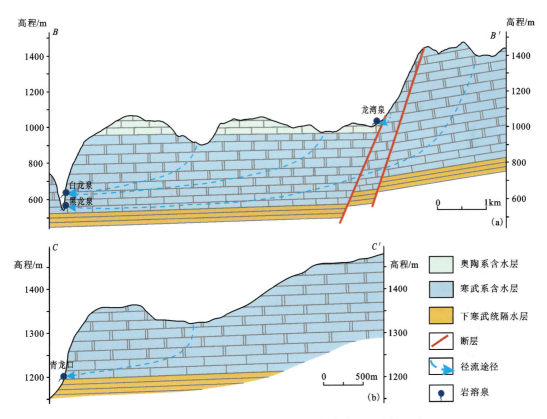

图 1.23 龙湾泉、青龙口、白龙泉和黑龙泉水文地质剖面图

表 1.3 岩溶泉的平均补给高程和循环深度   单位:m

岩溶泉名称	出口标高	平均补给高程	循环深度
龙湾泉	995	约1050	约60
青龙口	1190	1390	200
白龙泉	587	900	310
雾龙洞	600	1160	560
云龙洞	615	1180	565
黑龙泉	550	1370	820

在黄粮—石槽溪一带的补给区,岩溶地貌形态复杂多样,包括峰丛、溶丘、岩溶洼地、岩溶漏斗、落水洞等,主体呈现出溶丘洼地地貌类型。岩溶洼地多呈椭圆形或长条状,规模大小不一,洼地底部可见数米至数十米厚的松散堆积层,并发育落水洞或消水洞,尤以黄粮镇、榛子乡等地最为显著。

1.4.2 榛子岩溶槽谷区

榛子岩溶槽谷区位于香溪河东侧高岚河子流域的上游,该区出露的青龙口地下河是高岚河的源头。青龙口地下河位于湖北省宜昌市兴山县榛子乡,该区位于我国南方典型的岩溶槽谷地貌区。研究区北部台原型溶丘洼地区为补给区,存在两级岩溶剥夷面,地面高程分别为1300~1400m和1600~1700m(图1.24)。

岩溶洼地为当地重要的农业基地,主要种植高山蔬菜和烟叶等,同时发展高山康养旅游产业。雨季在岩溶洼地极易形成集中汇流,强降雨条件下在落水洞1处还易形成短时岩溶内涝现象(图1.25)。南部溶蚀侵蚀中山峡谷区为排泄区,青龙口地下河是集中排泄出口,地下河出口高程为1190m,流量变化从每秒几十升到每秒几千升不等,水量动态变化大。

研究区出露地层主要为震旦-志留系,倾向北西,倾角较为平缓。寒武系白云岩、灰岩构成区内主要的岩溶含水层,下寒武统泥岩、页岩构成寒武系岩溶含水系统的隔水底板,使得青龙口地下河以接触下降成因排泄(图1.25,图1.26)。

研究区呈现多层岩溶水系统结构,地表水与地下水频繁转换。由于中寒武统覃家庙组一段泥质白云岩具有相对隔水的效果,形成接触下降成因的寨洞地下河。寨洞地下河是一条季节性的地下河,由于补给区面积较小,在枯水季会断流。寨洞地下河在流经一段地表沟渠后,经落水洞2再次补给进入下伏岩溶含水层中,最终经青龙口地下河排出地表。落水洞1在无雨时期为干涸状态,雨后形成的坡面汇流会经落水洞集中补给至下伏含水层中,再由青龙口地下河排出地表(图1.26)。

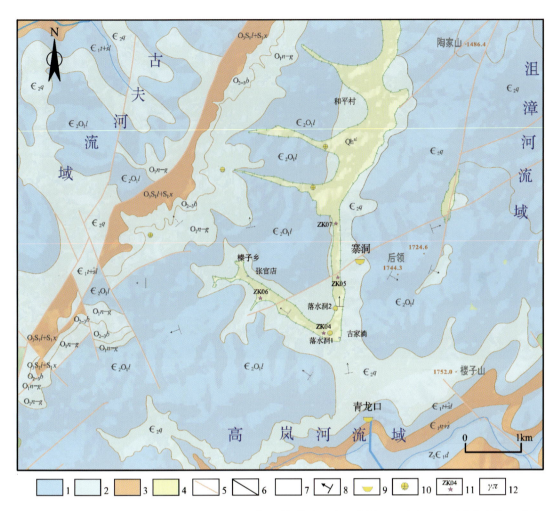

1.强岩溶含水层；2.弱岩溶含水层；3.相对隔水层；4.第四系松散堆积层；5.断层；6.地表水系；7.地表分水岭；8.地下水流向；9.岩溶地下河；10.落水洞；11.水文地质钻孔及编号；12.雨量站。

图1.24　榛子岩溶槽谷区水文地质图

ZK04～ZK07是由中国地质调查局项目"湖北宜昌兴山香溪河岩溶流域1∶5万水文地质调查"在2015年实施完成的水文地质探采结合钻孔，揭露的均是岩溶裂隙水。ZK04和ZK05与研究区的两条岩溶管道联系较为密切，这两条岩溶管道分别由落水洞1和落水洞2与青龙口地下河连通。ZK04和ZK05钻孔深度分别为264m和156m，水量较丰富，其中ZK04移交给榛子乡政府，作为当地枯水期的供水水源地。

1.4.3　峡口岩溶峡谷区

峡口岩溶峡谷区位于香溪河流域的下游，处于由香溪河干流和高岚河下游构成的河间地块中。该区以峡口隧道作为典型研究案例，峡口隧道从东至西穿越了该河间地块。

图 1.25 青龙口地下河地貌图

(地面高程分布:寨洞地下河出口为 1435m,ZK05 为 1299m,落水洞 2 为 1288m,ZK04 为 1281m,落水洞 1 为 1280m,青龙口地下河出口为 1190m;落水洞 1 至青龙口地下河出口的直线距离为 1615m,落水洞 2 至青龙口地下河出口的直线距离为 2105m)

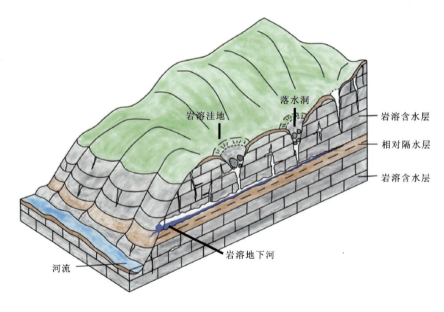

图 1.26 鄂西地区典型接触下降成因岩溶水系统结构剖面示意图

峡口隧道研究区位于鄂西黄陵断穹西翼、秭归向斜东翼,整体处于单斜构造区,发育侵蚀溶蚀地貌,主要表现为研究区北部的溶丘洼地地貌,南部的脊岭峡谷地貌。地层连续性好,产状较稳定,倾向西,倾角30°~40°,碳酸盐岩与碎屑岩在平面上呈条带状南北向展布(图1.27)。

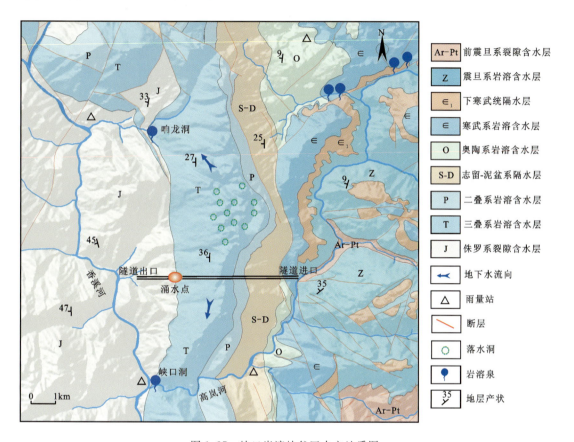

图1.27 峡口岩溶峡谷区水文地质图

峡口隧道从进口至出口,依次揭露了寒武-侏罗系(图1.27,图1.28)。主要的岩性特征如下:寒武-奥陶系娄山关组($\epsilon_2 O_1 l$)为白云岩;奥陶系南津关组($O_1 n$)、牯牛潭组($O_1 g$)、宝塔组($O_{2-3} b$)以生物碎屑灰岩为主,局部夹薄泥层;奥陶-志留系龙马溪组($O_3 S_1 l$)为硅质岩夹页岩;志留系新滩组($S_1 x$)、罗惹坪组($S_1 lr$)、纱帽组($S_{1-2} s$)以粉砂岩与泥页岩为主;泥盆系云台观组($D_{2-3} y$)为石英细砂岩;二叠系栖霞组($P_1 q$)、茅口组($P_1 m$)、吴家坪组($P_2 w$)为夹燧石团块灰岩;三叠系大冶组($T_1 d$)为泥质条带灰岩,嘉陵江组($T_{1-2} j$)为白云岩,巴东组($T_2 b$)为粉砂岩,九里岗组($T_3 j$)为长石石英砂岩夹煤层;侏罗系桐竹园组($J_1 t$)、千佛崖组($J_2 q$)为粉砂岩与长石石英砂岩互层,底部夹煤层。

研究区内地下水以潜水为主,地下水类型主要为碎屑岩风化裂隙水和碳酸盐岩溶洞裂隙水。隧道的涌水段均位于二叠-三叠系岩溶含水层中,岩溶水是隧道涌突水的主要充水水源。

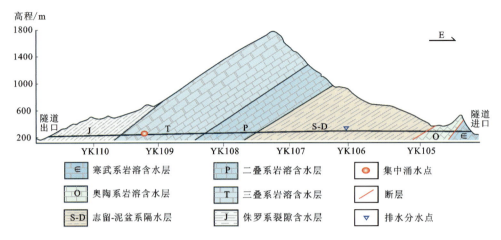

图 1.28　峡口隧道水文地质剖面图

碎屑岩风化裂隙水主要赋存于上三叠统—侏罗系碎屑岩的风化裂隙中,整体水量较小,地下水埋深相对较浅,在地形切割较深的沟谷地带出露较多小型泉点,流量多小于1L/s。研究区内主要的岩溶含水岩组有寒武-奥陶系岩溶含水层(厚度 695m)、二叠系—中三叠统岩溶含水层(厚度 2091m)、上三叠统—侏罗系基岩裂隙含水层(厚度 1120m),志留系为区域隔水层(厚度 2593m)。二叠系—中三叠统岩溶含水层规模大,富水性好,是对峡口隧道涌突水威胁最大的含水层。区内岩溶地下水的水位埋深大,地下水量丰富,常形成较大的岩溶泉或地下河。研究区存在两个主要的岩溶水系统:北部响龙洞岩溶水系统和南部峡口岩溶水系统(图1.27,图1.28)。

响龙洞岩溶水系统的含水介质以溶蚀裂隙及管道为主,地下水由东向西汇流,在西北部地势低洼的嘉陵江组白云岩与巴东组粉砂岩接触部位出露溢流下降成因的岩溶泉,成为系统的集中排泄出口,多年平均流量为95L/s,泉流量及水质动态变化较大。响龙洞主要的补给区位于其东部和东南部的溶丘洼地和斜坡地带,地表的溶蚀沟槽十分发育,顶部发育少量的岩溶洼地和落水洞(罗明明等,2014)。

峡口岩溶水系统的地下水由北向南径流,地下水位埋深大,在高岚河口形成集中排泄出口。据1:20万巴东幅综合水文地质调查报告,其泉流量为1500L/s(1976年9月,同时期响龙洞的泉流量为271L/s),现今峡口洞出口由于三峡水库蓄水而被淹没。根据两个岩溶水系统的同期流量对比,峡口岩溶水系统的规模大于响龙洞岩溶水系统,推测在孟家陵一带以北存在南北地下水分水岭(图1.29)。孟家陵一带的岩溶洼地和落水洞十分发育,有利于降雨入渗补给。在无降雨条件下,洼地和落水洞内无常年性地表径流;在强降雨条件下,岩溶洼地可产生坡面汇流,通过落水洞产生集中补给。峡口隧道位于孟家陵岩溶洼地和落水洞分布区的南侧,隧道上方为脊岭斜坡地貌,斜坡地带的溶蚀沟槽十分发育,这些地表岩溶形态为隧道涌突水提供了有利的补给和汇水条件。

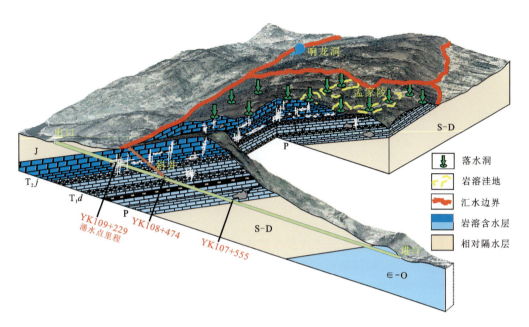

图1.29 峡口岩溶区三维水文地质结构示意图

2 岩溶水产汇流过程

2.1 岩溶洼地产汇流过程

本节选取了黄粮岩溶槽谷区内的刘家坝洼地和龙湾洼地作为研究对象,洼地面积分别约 20.9km^2 和 1.83km^2。降雨坡面产流后,雨水通过明渠向洼地底部的落水洞汇聚,进入地下岩溶管道,转化为地下水,最后以岩溶泉的形式向地表排泄。前人的示踪试验结果表明(罗明明等,2015b),刘家坝洼地的地下水主要流向白龙泉,龙湾洼地的地下水分别流向白龙泉和雾龙洞。为了选择一个相对完整的岩溶水系统进行典型案例研究,本节在补给区选择刘家坝洼地和龙湾洼地,在排泄区选择白龙泉进行对比分析。

岩溶洼地是由岩溶作用形成的底部平坦、面积较大、利于耕种的封闭负地形,是我国南方岩溶区内典型的地表岩溶形态。在岩溶洼地内,当降雨量达到产流阈值时,形成的地表径流汇入岩溶洼地底部,并通过底部的落水洞以集中灌入的方式进入含水层,即灌入式补给。降雨产流阈值是灌入式补给产生的先决条件,它是指接受降雨的下垫面能够产生地表径流的最小降雨量(李锋瑞,1998),产流阈值的大小直接关系到降雨径流调控、土壤侵蚀以及水资源分配等,特别是对降水-地表水-地下水的转化具有重要影响,然而受土壤母质、土壤前期含水率、表面粗糙度、坡度和降雨强度等因素的影响(徐铭泽等,2018;艾宁等,2018;Mandal et al.,2005;郭星星等,2019),坡面产流及水文响应特征的表现各不相同,因此对灌入式补给过程的研究显得尤为重要。

Jain 和 Singh(1980)在印度 Jodhpur 地区发现土壤干燥和湿润时具有不同的产流阈值;Kampf 等(2018)在美国亚利桑那州超干旱和半干旱的两个区域研究表明,两者的降雨产流阈值分别为 3～13mm 和 7～16mm。黄俊等(2011)、李小雁等(2001)曾设计了室外模拟降雨实验,基于线性回归的方法对不同下垫面的降雨产流阈值进行了计算;姜光辉等(2008)通过连续监测岩溶泉水文过程数据,认为表层岩溶带降雨补给的产流阈值为 12mm。总体来看,国内外对产流阈值的研究主要是通过建立流量与降雨的线性方程求得,或者是通过监测某些要素的变化而定性分析降雨产流过程。但是实验尺度的研究往往较为理想化,难以在实际中应用,而线性回归的方法容易忽略其他因素对产流阈值的影响。在岩溶洼地区的研究中,关于产流阈值的相关研究案例比较少见。

本节拟通过分析鄂西岩溶槽谷区岩溶洼地的实测降雨及水文监测数据,探讨岩溶洼地灌入式补给的水文响应特征,从宏观上分析降雨和洼地产流的关系,并对降雨-流量数据进行非线性拟合,定量估算产流阈值,对岩溶洼地产流阈值的影响因素进行分析,旨在提高对岩溶洼地区产汇流过程的认识,为岩溶区水资源评价和水循环规律研究等提供科学依据。

2.1.1 落水洞与泉水位响应特征

在研究过程中,分别在刘家坝、龙湾洼地的落水洞口明渠和白龙泉布置了水文监测站(水位、水温、电导率自动记录仪),数据采集频率为30min/次。在刘家坝和龙湾洼地落水洞附近分别安装了小型雨量计,可以自动记录洼地的降雨量及气温数据,数据采集频率为30min/次。数据获取后,挑选研究期内水位响应较为明显的水文过程进行分析。为了消除落水洞明渠断面形状的影响,利用谢才-曼宁公式进行水位-流量转换。

落水洞与岩溶泉分别位于岩溶水系统的补给区和排泄区,在单次降雨事件中,两者的水位也会表现出不同的响应特点。不管是落水洞还是岩溶泉,对于间歇性的小雨,水位表现出"缓升缓降"的特点(图2.1),常出现多次微小波动,反映了该种条件下产流速度慢、产流量少,而且几次降雨过程可能存在叠加,水位涨幅不明显;当降雨量较大时,水位表现出"陡升陡降"的特点,说明水位响应的滞后时间短,水位涨幅较大;而当出现特大暴雨且降雨集中时,水位的响应更加明显,在短时间内骤增(图2.1)。

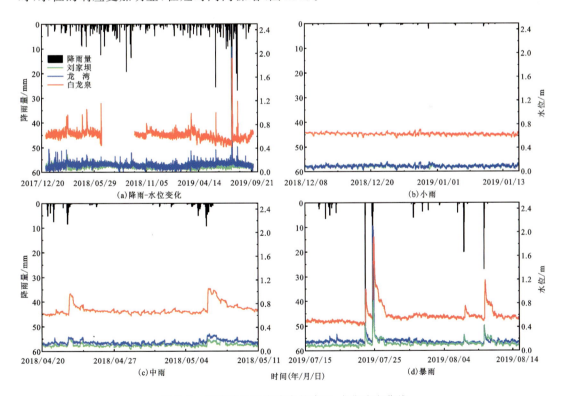

图 2.1 岩溶洼地及岩溶泉的降雨-水位响应曲线

以龙湾洼地为例,在2018年12月21日的降雨过程中,17h内降雨量仅为7.4mm,落水洞和白龙泉的滞后时间分别为3h和4.5h。2018年4月22日,7.5h内降雨量达到23mm,

落水洞和白龙泉水位变化快,滞后时间分别为0.5h和1.5h。2019年7月24日,研究区出现了特大暴雨,3.5h降雨量达到86.5mm,落水洞水位响应基本与降雨同步,在降雨1.5h后水位达到了峰值,涨幅为1.96m,超过了明渠高度(1.6m),且这一峰值持续了2h,表明此时落水洞向地下的排泄能力低于洼地地表径流的产流能力,出现了岩溶内涝现象。在特大暴雨条件下,在该地区常常因为落水洞的排水能力有限而出现岩溶内涝,对岩溶洼地区的农作物影响极大。

落水洞和岩溶泉的水位变化过程曲线相似,时间上表现得较为一致,但是岩溶泉的水位变化起涨时间稍晚于落水洞,即滞后时间更长。对研究期内水位变化较为明显的几次降雨事件进行统计发现(表2.1,表2.2),刘家坝、龙湾洼地落水洞和白龙泉的平均滞后时间分别为(2.3 ± 2.8)h、(4.4 ± 5.8)h和(5.4 ± 4.3)h,表明刘家坝洼地的产流相对较快,且两个洼地的水位滞后时间均比白龙泉更短,这是因为水流从落水洞补给进入岩溶含水层,再流至岩溶泉出口,需要一定的传输时间。

2.1.2 洼地产流阈值估算

落水洞水位变化是洼地产流和集中灌入式补给产生的直接外在表现。当降雨量较小时,雨水大多以补给包气带为主,难以产生坡面流,因此未能形成有效的落水洞补给水源;当降雨量达到或超过产流阈值时,包气带含水率逐渐增大直至饱和,或者超过包气带的入渗能力时,降雨便以坡面流的形式汇流至落水洞。本节从落水洞明渠水位涨幅出发,统计了不同降雨量下的水位变化(表2.1,表2.2),并通过降雨量与落水洞口汇流量进行非线性拟合,计算产流阈值。

表2.1 刘家坝洼地水文响应过程统计表

次序	日期(年/月/日)	降雨量/mm	降雨强度/(mm·h^{-1})	滞后时间/h	水位变化量/m	流量/(m^3·s^{-1})
1	2018/3/4	7.2	2.7	1.0	0.042	0.015
2	2018/1/8	8.0	6.7	1.3	0.072	0.076
3	2018/2/23	9.8	3.0	0.9	0.066	0.051
4	2018/8/1	10.6	3.5	0.5	0.060	0.034
5	2018/2/18	12.0	2.4	0.9	0.090	0.057
6	2018/3/4	12.4	1.2	0.9	0.168	0.181
7	2018/3/6	12.6	1.1	2.2	0.078	0.032
8	2019/1/30	13.4	1.2	11.7	0.150	0.097
9	2018/4/5	14.0	1.1	1.3	0.198	0.164
10	2019/4/9	14.4	1.6	3.0	0.132	0.090
11	2018/4/22	27.6	3.7	0.2	0.114	0.104
12	2019/8/6	30.0	10.0	1.6	0.152	0.173

续表 2.1

次序	日期(年/月/日)	降雨量/mm	降雨强度/(mm·h^{-1})	滞后时间/h	水位变化量/m	流量/(m^3·s^{-1})
13	2019/3/22	33.5	0.8	5.5	0.162	0.142
14	2018/5/5	35.0	1.6	4.9	0.144	0.131
15	2019/8/9	40.0	13.3	0.6	0.327	0.534
16	2018/11/4	42.4	1.3	5.7	0.088	0.064
17	2018/6/18	45.0	5.5	1.2	0.150	0.151
18	2019/6/5	46.5	11.6	1.6	0.280	0.458
19	2018/9/20	49.4	2.2	1.5	0.176	0.234
20	2019/7/23	57.5	28.8	0.3	0.364	0.670
21	2019/7/24	86.5	24.7	0.2	0.757	1.885

表 2.2 龙湾洼地水文响应过程统计表

次序	日期(年/月/日)	降雨量/mm	降雨强度/(mm·h^{-1})	滞后时间/h	水位变化量/m	流量/(m^3·s^{-1})
1	2018/3/6	12.6	1.1	0.2	0.036	0.037
2	2018/1/8	12.8	0.8	15.0	0.090	0.024
3	2018/3/4	14.2	4.3	1.0	0.102	0.050
4	2018/3/4	14.6	1.2	1.6	0.138	0.087
5	2019/4/9	14.8	1.6	5.0	0.132	0.067
6	2019/1/30	15.2	1.4	11.4	0.102	0.058
7	2018/4/5	17.6	1.3	0.6	0.186	0.076
8	2018/6/30	20.6	2.3	0.1	0.066	0.043
9	2019/6/11	22.6	0.7	7.5	0.132	0.081
10	2018/4/22	23.0	4.3	0.0	0.090	0.049
11	2019/8/6	32.0	10.7	0.5	0.131	0.100
12	2018/8/17	33.4	3.7	5.5	0.174	0.123
13	2019/3/22	33.5	0.8	22.0	0.246	0.196
14	2018/8/1	35.0	8.8	0.8	0.150	0.099
15	2018/5/5	39.6	1.8	4.3	0.132	0.126
16	2019/8/9	40.0	13.3	0.6	0.274	0.242
17	2019/6/5	46.5	11.6	2.0	0.217	0.187
18	2018/11/4	47.1	1.4	7.4	0.144	0.093
19	2018/6/18	49.4	3.0	0.1	0.120	0.075
20	2019/7/23	57.5	28.8	0.5	0.413	0.492
21	2018/9/20	62.6	2.5	7.3	0.204	0.184
22	2019/7/24	86.5	24.7	0.3	1.960	4.467

当降雨量较小时,洼地的降雨量与汇流量之间存在较好的相关关系(图 2.2)。当降雨量逐渐增大,落水洞的汇流量表现出两种不同的变化趋势:一种是小降雨量下的高流量值,另一种是强降雨量下的低流量值。两种变化趋势反映了不同降雨事件中的产流条件各不相同,但是不同产流条件对小降雨量事件的产流量影响较小。

对降雨量-流量数据分别进行拟合,以对数关系拟合最佳。令洼地汇流量为 0,基于拟合方程计算此时的降雨量,即得到岩溶洼地的产流阈值(表 2.3)。计算得出刘家坝洼地的产流阈值为 7.4mm,龙湾洼地的产流阈值为 10.6mm。刘家坝洼地的产流阈值较龙湾洼地更小,这一结果与刘家坝落水洞的水位滞后时间更短有着对应关系,综合表明刘家坝洼地仅需要较小的降雨量便可以实现洼地地表产流,进而形成白龙泉的集中灌入式补给。

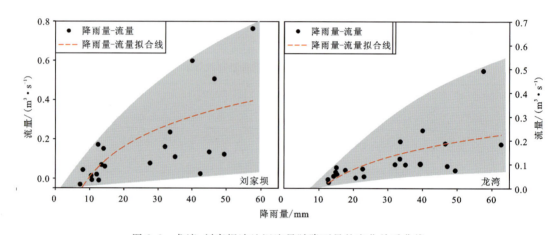

图 2.2　龙湾、刘家坝洼地汇流量随降雨量的变化关系曲线

表 2.3　刘家坝、龙湾洼地降雨量-流量拟合函数及产流阈值估算表

地名	拟合函数	R^2	产流阈值/mm
刘家坝洼地	$y=0.163\ 4\ln x-0.326\ 4$	0.49	7.4
龙湾洼地	$y=0.163\ 1\ln x-0.297\ 7$	0.42	10.6

2.1.3　洼地产汇流影响因素

产流阈值估算的结果表明,不同洼地的产流阈值存在差异,主要受降雨强度和入渗能力的影响。对于某一次降雨,只有当降雨强度大于同时刻的入渗能力时,才能形成地表径流。降雨强度取决于降雨量和降雨时间等外在条件,而入渗能力主要受下垫面性质等洼地内部条件的影响。本节结合具体的降雨事件,主要分析降雨强度和土壤含水率对产流阈值的影响,并对一些其他影响因素进行探讨。

2.1.3.1 降雨强度

降雨强度可以影响降雨对土壤水补给的速度，一般而言，在其他条件相同并且保证能产流的情况下，降雨强度越大，对土壤水的补给速度越快，当补给的速度大于土壤水向下运移的速度时，降雨便产生坡面流，即超渗产流。超渗产流理论表明，在大降雨强度的条件下，更容易形成坡面流，即在降雨量相同时，大降雨强度下产流阈值会相对较小，对应的落水洞水位变化的滞后时间也往往较短。当降雨强度变小时，产流方式可由超渗产流向蓄满产流转变，这种条件下更倾向于土壤水分向深层运移，此时土壤吸收的水分更多，即在相同的降雨量并且能保证产流的情况下，降雨强度小的需要更多的降雨量才能产流，产流阈值增大，水位变化的滞后时间也随之变长。

以刘家坝洼地第 16 次和第 17 次降雨过程为例（表 2.1），第 16 次降雨量（42.4mm）和第 17 次降雨量（45.0mm）相当，但是第 17 次的降雨强度更大，因而其水位变化滞后时间短，水位增幅较大。可以推测第 16 次的降雨强度较小，降雨整体比较均匀，有利于下垫面的吸收；第 17 次降雨强度大，在短时间内可能形成超渗产流，更多的降雨产生地表径流。综合以上分析，推测第 16 次降雨的产流阈值比第 17 次降雨的大。

2.1.3.2 土壤含水率

在研究过程中，在刘家坝洼地中布设了土壤水监测设备，数据采集频率为 10min/次，用于监测土壤垂直剖面方向上 0.1m、0.3m、0.5m、1.0m 和 2.0m 深度处的电导率、含水率及温度。

降落到地面的雨水，在重力势能和土壤水负压的驱动下向下渗透。由土壤水负压与土壤含水率的关系可知，土壤含水率越小，水分向下运移的驱动力也越大，降雨便可达到更大的入渗深度，此时若要形成地面产流，则需要消耗更多的降雨量，即产流阈值增大。

图 2.3 是刘家坝洼地不同深度的土壤含水率等参数随时间的变化过程，可以看出土壤含水率和电导率的变化趋势较为一致，两者表层的变化对降雨响应灵敏，随着深度的增加，两者的值均趋向稳定。当超过 1m 时含水率几乎不变，电导率仅存在微小的变化，说明深层土壤仅有少量的"新水"加入。这一现象表明，超过一定深度，土壤性质受外界因素的影响较小，浅层土壤起到了一定的滤波作用。因此可以根据电导率和含水率变化情况来推测降雨的入渗深度以及入渗量大小。

本节对刘家坝洼地第 8 次、第 10 次和第 16 次降雨过程的含水率和电导率进行了分析（表 2.4），结果显示，3 次降雨事件中，浅层土壤（0～0.3m）的电导率和含水率变化量均比较大，但是第 16 次降雨的含水率和电导率总体上要高于第 8 次和第 10 次降雨。结合图 2.3，从较深层土壤来看，第 16 次降雨在 1m 处的电导率有着近 0.1ms/cm 的增幅，第 8 次降雨在 1m 处的电导率基本没有变化，第 10 次降雨的电导率有着缓慢的下降趋势，电导率的变化预示着"新水"的加入，因此推测第 10 次和第 16 次降雨的入渗深度至少为 1m，而第 8 次降雨未入渗到 1m 处。

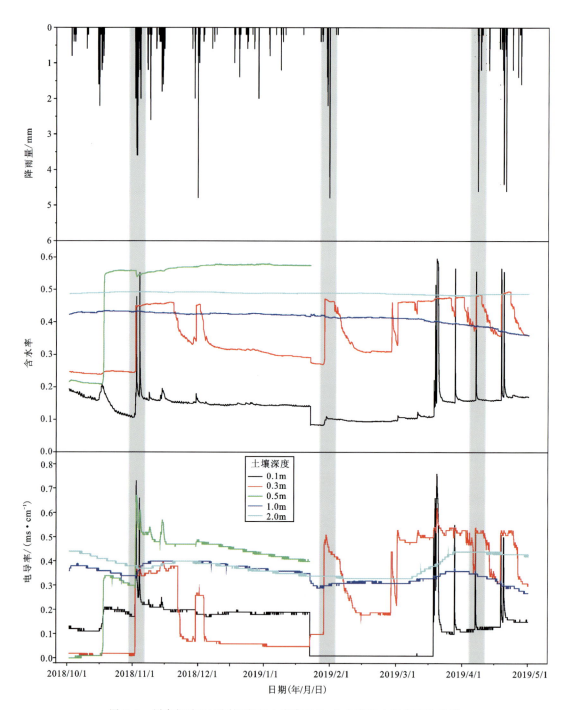

图 2.3　刘家坝洼地不同深度下土壤降雨量、含水率和电导率变化曲线

对于土壤含水率而言,第 16 次降雨的土壤前期含水率在 0.3m 深度处比其他两次均更小,说明此时的土壤是相对比较干燥的,可以有较大的空间接受降雨对其的润湿,因此其含

水率的变化量是最大的,这种变化直接导致了降雨量在土壤的耗损较多,而使得地表产流量减少。可以看到,尽管第16次的降雨量为42.4mm,大约为第8次和第10次降雨量的3倍,但是引起的落水洞水位变化并不高,为0.088m。

表2.4 刘家坝洼地降雨前后不同深度处土壤含水率及电导率变化统计表

次序	日期 (年/月/日)	降雨量/ mm	水位变化/ m	0.1m 深度		0.3m 深度	
				含水率变化	电导率变化/ ($\mu s \cdot cm^{-1}$)	含水率变化	电导率变化/ ($\mu s \cdot cm^{-1}$)
8	2019/1/30	13.4	0.150	0.083~0.027	0	0.201~0.274	100~409
10	2019/4/9	14.4	0.132	0.161~0.395	121~390	0.112~0.388	171~380
16	2018/11/4	42.4	0.088	0.107~0.445	180~561	0.202~0.246	20~351

再对比第8次和第10次降雨,土壤前期含水率及含水率变化量有着不一样的特点。在0.1m和0.3m深度处,第10次降雨的土壤前期含水率均比第8次更大,但是0.3m深度处的变化量小于在0.1m深度处的变化量,可能是第10次的降雨向地下迁移的水动力相对较弱。然而从水位变幅来看,第10次降雨的变幅相对较小,而其降雨量相对更大,说明总体上降雨量在土壤的耗损比第8次大。

通过以上土壤含水率和电导率的分析,可以明确降雨在土壤的入渗深度一般不会超过1m,产流阈值的影响更多的是与浅层0.3m左右的含水率变化有关。当表层的土壤前期含水率比较低时,可以使更多的降雨入渗至土壤,从而增大降雨产流阈值。

2.1.3.3 其他因素

除了降雨和土壤前期含水率的影响,产流阈值的大小还受众多其他因素的综合影响,例如地形坡度和土壤母质等,但是这些因素的影响权重往往较难确定。通过地形坡度分析发现,刘家坝洼地汇水范围的平均坡度比龙湾洼地更小,但是汇水范围内的最大坡度相对更大,不同坡度范围的占比也各不相同。从洼地的汇水面积来看,刘家坝洼地的汇水面积远大于龙湾洼地,刘家坝洼地底部土壤层分布的绝对面积较大,但洼地底部的土壤层面积占比相对较小(表2.5)。这些因素都对洼地产汇流有着重要影响,例如当坡度更大时,径流重力沿坡面方向的水平分力增大,可加快地表径流速度,使产流时间提前;当洼地底部的土壤层母质为渗透性能较小的黏性土时,进入土壤包气带的降雨量占比将会减小,此时也更容易产流。

综合而言,岩溶洼地产流阈值还存在着较多的不确定因素,但研究区内两个洼地的产流阈值计算结果总体相近,能够基本反映研究区内溶丘洼地区的平均降雨产流阈值特征。

表 2.5　刘家坝和龙湾洼地下垫面参数统计表

地名	不同地形坡度(°)的占比/%						汇水面积/km²	洼地土壤面积占比/%	土壤母质
	0~5	>5~15	>15~35	>35~55	最大值	平均值			
刘家坝	17	57	24	2	50.7	11.6	20.9	5.9	黏性土
龙湾	16	48	32	4	41.6	14.0	1.83	6.6	粉质黏土

2.2　岩溶地下河动态响应

本节选取榛子岩溶槽谷区内的青龙口地下河、落水洞1、落水洞2为例,研究"降雨-洼地汇流-地下河响应"之间的动态响应关系。

2.2.1　岩溶洼地的水文响应过程

研究区内共建有两个雨量站,其中古家淌雨量站为自建的简易气象站(MetOne,RG3-M),监测指标为降雨量和气温,监测时频设置为30min/次,监测精度为0.2mm;张官店雨量站数据来源于湖北省水文水资源中心,监测时频为1h/次,监测精度为0.5mm。对ZK05钻孔和青龙口地下河也进行了连续水文监测,采用水位、电导率、温度自动记录仪,监测时频为30min/次。

从两个雨量站的降雨对比图(图2.4)可以看出,两个雨量站在监测期间(2022年6月18日至7月6日)监测的降雨次数和时间基本一致,而降雨量和降雨强度大小则有所区别。这表明研究区在空间上存在降雨的不均一性。

对研究区两个落水洞和青龙口地下河分别进行了高频率的流量、水温、电导率监测,监测时频为15min/次。结果表明,受研究区降雨空间分布不均和补给来源不同的影响,两个落水洞的产流特征有一定差异(图2.5,表2.6)。落水洞1的汇水范围为研究区西侧张官店一带的岩溶槽谷,落水洞2的汇水范围为研究区北侧南北向的岩溶槽谷(见图1.25)。由于研究区北侧寨洞地下河在雨后流量增大,一部分排泄流量会汇入落水洞2,因此落水洞2的流量由坡面产汇流和寨洞地下水排泄两部分组成。

根据地理位置划分,古家淌雨量站对应落水洞2,张官店雨量站对应落水洞1。通过对比监测时间内8次强度大小不同的降雨条件下落水洞产流情况可以发现(表2.6),落水洞1相较于落水洞2更易产流,产流阈值分别为9mm和10mm左右。此外,洼地产流情况也受到土壤前期含水量的影响,6月27日之前由于研究区降雨量和降雨频次都相对较小,土壤含水量较低,因此落水洞产流阈值偏大,产流量偏小;6月27日之后,研究区降雨频次有了明显上升,土壤含水量较大,因此7月1日和7月3日的降雨形成的产流量都相对偏大。

2 岩溶水产汇流过程

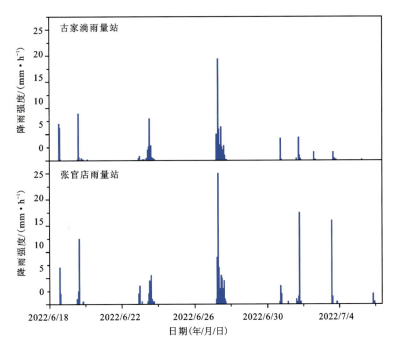

图 2.4　古家淌和张官店雨量站降雨强度对比图

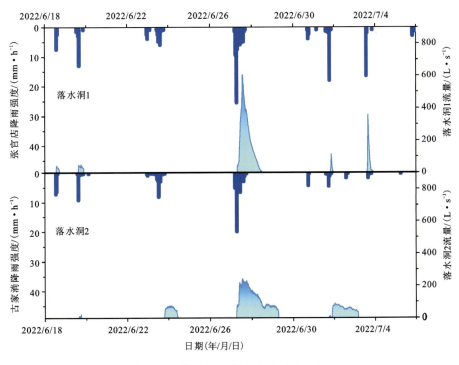

图 2.5　落水洞的降雨-径流响应过程

表 2.6 降雨及落水洞产流情况统计表

日期 (年/月/日)	古家淌雨量站		张官店雨量站		是否产流	
	总雨量/ mm	最大降雨强度/ (mm·h^{-1})	总雨量/ mm	最大降雨强度/ (mm·h^{-1})	落水洞 1	落水洞 2
2022/6/18	13.4	7	9	7	是	
2022/6/19	10.6	9	16.5	12.5	是	是
2022/6/23	19.6	2.8	21.5	5.5		寨洞汇流
2022/6/27	55.8	19.4	67	25	是	是
2022/6/30	4.4	4.2	6	3.5		
2022/7/1	6.4	4.4	22	17.5	是	是
2022/7/2	1.8	1.6	0	0		
2022/7/3	12.6	1.6	18	16	是	

在 2022 年 6 月 18 日至 7 月 6 日期间,岩溶洼地内 ZK05 钻孔地下水的水温和电导率保持稳定不变,水位也仅呈现小幅度的上涨,6 月 27 日暴雨过后水位仅上升了 0.2m(图 2.6)。从长时间尺度来看,ZK05 钻孔地下水的水位和电导率在 3 月 20 日和 4 月 28 日出现了两次较大的脉冲变化(表 2.7),这两次降雨的最大降雨强度均小于 6 月 27 日的,且均是在前期有较大降雨的情况下发生的脉冲变化。由此可推测,ZK05 钻孔的水位和电导率发生脉冲响应的决定性因素是累计降雨量和前期含水量。

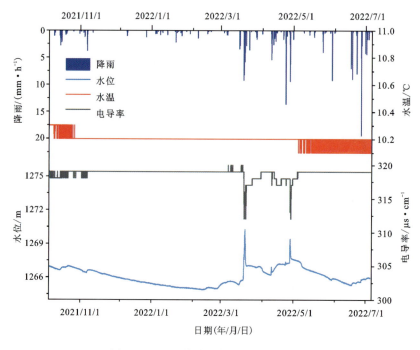

图 2.6 ZK05 钻孔的水文响应过程曲线

表 2.7 ZK05 钻孔的水文过程响应统计表

监测指标	降雨峰值时刻	滞后时间	响应时间	延迟时间	基流值	峰值	变幅
水位	2022/3/20 5:00	5h	32h	37h	1 265.8m	1 270.1m	4.3m
电导率		8.5h	41h	49.5h	319μs/cm	312μs/cm	−7μs/cm
水位	2022/4/28 6:00	3h	9h	12h	1 267.3m	1 269.4m	2.1m
电导率		5.5h	19h	24.5h	316μs/cm	310μs/cm	−6μs/cm

2.2.2 岩溶地下河的水文响应过程

在前期的研究中,已通过人工示踪试验查明了落水洞1和落水洞2与青龙口地下河之间的岩溶管道分布和连通情况(罗明明等,2018)。在2022年6月18日至7月6日监测时段内,青龙口地下河流量在降雨后均呈现"暴涨暴落"的脉冲式响应特征,电导率则呈现先降后升的负脉冲(图2.7)。6月19日和23日的两次降雨后,青龙口地下河的水温呈现小幅度的负脉冲,后三次降雨后则呈现明显的正脉冲,这可能与输入温度的季节性变化有关。由于落水洞1→青龙口的岩溶发育程度高、岩溶管道更通畅,7月3日的降雨只有落水洞1产流,青龙口地下河的水文响应拖尾时间相对较短,这反映了管道结构对水动力条件的控制。

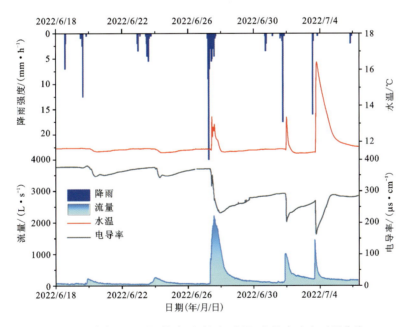

图 2.7 青龙口地下河的降雨-径流、水温、电导率响应过程曲线

针对2022年6月27日这次典型的暴雨过程对落水洞和青龙口的水文响应过程进行具体的剖析(图2.8,表2.8)。古家淌雨量站监测此次降雨总量为55.8mm,最大降雨强度为19.4mm/h;张官店雨量站监测此次降雨总量为67mm,最大降雨强度为25mm/h。两站点

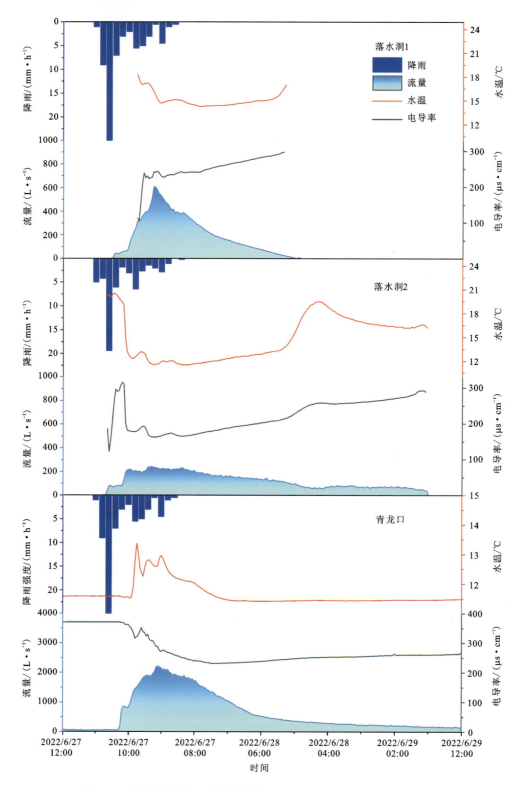

图 2.8　典型降雨过程中落水洞的降雨-径流、水温、电导率响应过程曲线

显示最大降雨强度均发生在 6 月 27 日 7:00。两个落水洞和青龙口的流量峰值时刻和响应时间相差不大,青龙口略晚于落水洞,这是由于落水洞灌入式补给后,地下水运移至地下河出口还需要一定时间。相较于落水洞 2,落水洞 1 由于汇水面积更大,产流滞后时间更长,峰值流量更高。

表 2.8 典型降雨过程中落水洞和地下河的水文响应时间统计表

点位	降雨峰值时刻	响应时刻	滞后时间	峰值时刻	响应时间	延迟时间	峰值流量
落水洞 1		7:45	0.5h	13:45	6.25h	6.75h	606L/s
落水洞 2	7:00	7:00	0h	13:30	6.5h	6.5h	244L/s
青龙口		8:15	1.25h	14:30	6.25h	7.5h	2220L/s

由于落水洞汇流的补给水温(12~21℃)高于青龙口地下河的基流水温(约 11.5℃),青龙口地下河出口的水温在降雨后表现出明显的增温脉冲(图 2.8)。一般来说,降雨具有较低的电导率。在降雨初期,落水洞的水主要来自降雨直接补给,因此电导率值较低;随着雨量的增大,经过土壤淋滤的水进入落水洞,使落水洞水的电导率升高而出现峰值;随着坡面产流过程结束,落水洞水的电导率也逐渐下降;而后在落水洞汇流量逐渐衰减的过程中,由于水在渠道内的滞留时间逐渐增长,电导率又出现了小幅上升(图 2.8)。总的来说,落水洞汇流的电导率(100~300μs/cm)要低于青龙口地下河的基流电导率(约 350μs/cm),因此青龙口地下河出口的电导率在降雨后表现出明显的负脉冲(图 2.8)。

2.3　岩溶水动态模拟与补给面积估算

本节选取黄粮岩溶槽谷区的雾龙洞地下河与广西桂林丫吉试验场为例,基于岩溶水文过程动态模拟,重点探讨岩溶水系统补给面积的求取问题,提出了一种基于岩溶水文过程动态模拟的补给面积计算方法。本方法通过典型降雨过程和相应水文过程的连续观测,匹配降雨事件与水文过程的响应关系,利用水均衡原理估算出补给面积。

岩溶泉或地下河的补给面积是岩溶水资源评价、岩溶地下水害防治、岩溶水污染防控与安全利用等工作中的关键参数。补给面积圈定是野外岩溶水文地质调查中一项十分重要的工作,也是岩溶水文地质研究中的一个难点。在岩溶发育程度较高的地区,岩溶含水层具有高度的非均质性,地下水动力特征因为补给条件或地下水位状态不同而不断发生变化,有时甚至会发生流向的转变或地下分水岭的偏移(Di Matteo et al.,2013),导致地下水补给面积的圈定更为困难。

常用的岩溶水系统边界确定或补给面积圈定方法包括水文地质测绘、地形地貌分析、人工示踪试验、水文地球化学示踪、水均衡分析等。岩溶水系统不同方向的水文地质剖面的测绘能够形象地展示含水层与隔水层的空间展布关系,可帮助确定岩溶含水系统的隔水边界(Han et al.,2006;梁杏等,2015),但对于确定水力边界(例如地下分水岭)作用不大。岩溶洼地、落水洞等岩溶地貌形态可指示区域岩溶地下水的径流方向(罗明明等,2014),再配合基于地形高程数据的水网和地表分水岭提取提供的判断依据,对受控于最低排泄基准面的集中排泄型岩溶水系统具有一定的适用性。

人工示踪试验是最为直接的揭示岩溶水补给来源的方法(Goldscheider and Drew,2007),但一个岩溶水系统往往具有多源补给的特点,大量开展人工示踪试验的成本较高,且在一些不具备人工示踪试验开展条件的地区,该方法难以实施。人工示踪试验擅长于揭示主要径流通道结构,不能直接用于补给面积计算。水文地球化学示踪可利用氢氧同位素来估算补给区的平均高程并示踪其补给来源(Luo et al.,2016a;梁杏等,2020),还可以利用离子组分或污染组分差异识别地下水可能的来源区域(王焰新等,2022),是一种间接确定地下水补给来源的方法,只能推断可能的补给区域,也很难准确地给定补给面积。水均衡分析则是通过补给与排泄的水量均衡关系来估算补给区大小,往往需要参考邻区补给系数或径流模数,再结合排泄流量反推补给面积,这种方法需要满足较高的数据要求,且在岩溶区准确求取降水入渗补给系数的难度较大(尹德超等,2016),不能指示出具体的补给区所在位置。以上方法各有优点和局限性,实际应用中可以提供关于补给来源和补给区的信息与证据。

2.3.1　动态模拟及补给面积计算方法

在我国南方岩溶区,岩溶发育程度普遍较高,岩溶泉或地下河的水文动态响应过程灵敏且迅速。当降雨事件发生之后,一旦超过产流阈值,则会形成有效地下水补给,在岩溶泉或地下河的出口会出现流量快速增长的现象(廖春来等,2020),随后则伴随着流量的衰减。本节基于降雨事件后快速响应的水文动态变化过程,通过水文脉冲函数来模拟单次降雨过程产生的径流响应过程,然后基于地下水补给与排泄的水量均衡,反求岩溶水系统的补给面积。

本节采用的水文脉冲函数是 Criss 和 Winston(2003)提出的单参数解析模型,该模型适用于单次降雨事件产生的快速径流响应过程拟合,在流域径流模拟和岩溶水动态响应过程模拟等研究案例中都得到了比较成功的应用(Criss and Winston,2008;Yang and Endreny,2013;Luo et al.,2016b,2022)。

该水文脉冲函数的结构假设条件是在一个全排型潜水含水层中,仅接受大气降水的补给,地下水的排泄增量由水位波动引起,将岩溶水系统的灌入式补给概化为平面瞬时点源补给。通过求解瞬时脉冲输入条件下一维流动的布西涅斯克微分方程的基本解,再联立一维线性渗流方程后可求得该水文脉冲函数,具体表达形式如下:

$$Q = Q_P \left(\frac{2e\tau}{3t} \right)^{1.5} e^{-\tau/t} \tag{2.1}$$

式中:Q 为随时间变化的流量(m^3/h);Q_P 为单次水文响应过程中的峰值流量(m^3/h);t 为有效降雨补给时刻之后的历时(h);e 为自然常数;τ 为水文过程响应时间常数(h)。

对于单次降雨补给产生的总补给量,可由式(2.1)通过连续时间积分得到单位过程曲线产生的总径流量。同时,通过水均衡原理,一个岩溶水系统接受的单次降雨补给量还等于其补给范围内获得的有效降雨补给量。将两式联立后可求得

$$Q_p = \frac{A \cdot P_{\text{eff}}}{\tau \sqrt{\pi} \left(\frac{2e}{3}\right)^{1.5}} = MP_{\text{eff}} \tag{2.2}$$

式中:A 为岩溶水系统的补给面积(m^2);P_{eff} 为单次降雨产生的有效补给降雨量(m);M 为水文过程响应尺度常数(m^2/h),对于某个特定的岩溶水系统而言,其值取决于岩溶水系统的补给面积和 τ 值。

对于连续水文过程的模拟,在估算得出单次降雨的有效补给降雨量之后,将式(2.2)代入式(2.1)则可获得流量随时间的变化过程,可以实现岩溶水系统出口流量过程随单次降雨过程的连续模拟,其表达式如下(罗明明,2017):

$$Q_t = \sum_{i=1}^{m} mP_{\text{eff}_i} \left(\frac{2e\tau}{3t}\right)^{1.5} e^{-\tau/t} \tag{2.3}$$

式中:Q_t 为岩溶水系统出口随时间变化的流量(m^3/h);m 为单次降雨事件的数量。

该水文模型是一个集总式参数的水文模型,τ 值和 M 值分别是反映某个特定岩溶水系统水文响应过程变化的时间尺度参数和空间尺度参数,这两个参数反映了岩溶水动态响应过程的快慢以及补给水量的大小。

τ 值是决定单次水文过程曲线形态的控制性参数,它反映出岩溶水系统对单次降雨补给过程的调节作用。τ 值取决于 $L^2/4D$,L 为补给端与排泄端的水平距离(m),D 为水力扩散系数(m^2/h),其中水力扩散系数 $D = Kh_m/\mu_d$,则其表达式如下:

$$\tau = \frac{\mu_d L^2}{4Kh_m} \tag{2.4}$$

式中:L 为岩溶水系统集中补给点与集中排泄点之间的距离(m);K 为含水介质的渗透系数(m/h);h_m 为含水层的厚度(m);μ_d 为含水介质的重力给水度。对于某个特定的岩溶水系统而言,τ 值一般为常数。

τ 值是一个综合反映岩溶水系统规模和含水介质特征的集总式参数,以岩溶水系统的岩溶发育程度和系统规模为例,说明其对水文过程曲线形态的影响。当岩溶水系统的岩溶发育程度越高,渗透系数(K)则越大,则其 τ 值越小,岩溶水文过程的响应则越快,峰值流量越大(图2.9),这在岩溶发育程度高的南方岩溶区十分常见。在岩溶发育程度很高的地下河系统中,其径流响应过程就如同地表河流,也会产生非常快速的洪水过程。当岩溶水系统的规模越大,系统输入端与输出端的平均距离(L)则越长,则其 τ 值越大,因此其岩溶水文过程的延迟与滞后效应越明显(图2.9),水文过程曲线的衰减拖尾越长。这个现象也十分容易理解,当岩溶水系统的规模越大,则地下水的径流时间变长,降雨补给到达排泄出口所需要的时间也越长。

M 值反映了某个特定岩溶水系统可以传输单次有效降雨补给量的大小,它决定了洪峰峰值的大小,因此其受岩溶水系统规模大小的控制。在径流过程模拟中,基于水均衡原理,

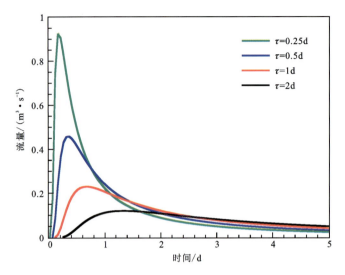

图 2.9 相同有效补给量条件下模型参数 τ 值对水文过程曲线形态的影响

设定排泄流量等于有效降雨补给总量,基于式(2.2)可以推出岩溶水系统补给面积(A)与 M 值和 τ 值的关系式如下:

$$A = M\tau\sqrt{\pi}\left(\frac{2e}{3}\right)^{1.5} \tag{2.5}$$

当以求取补给面积为目标时,M 值和 τ 值均设置为未知的集总式参数,利用有效降雨量作为输入端,岩溶水系统的排泄流量作为输出端。在取得模拟水文过程与实测水文过程的最佳拟合之后,取此时的模型参数来计算补给面积。在实际模拟过程中,只需要取得几次典型降雨过程及流量响应过程的连续观测数据,尽量覆盖不同大小的降雨量等级和流量峰值量级,当取得最大的纳什效率系数时,即可模拟获取最优拟合参数,这样减轻了对水文气象数据监测长时间序列的需求,减少了模拟计算的工作量。

利用该方法求取岩溶水系统的补给面积,基本步骤如下。

(1)获取研究区的小时降雨量和小时泉流量连续观测数据,尽量覆盖不同大小的降雨量等级和流量峰值量级。

(2)利用陆面蒸散发量估算或降雨产流阈值扣除等方法,将小时降雨量数据转化为小时有效降雨量数据。

(3)选取典型的流量响应过程曲线,利用式(2.1)进行拟合,获得初始的模型参数 τ 值。

(4)以小时有效降雨量为输入,基于初始的 τ 值,调整 M 值,通过拟合模拟曲线与实测流量观测曲线,校正和优化 M 值和 τ 值,当取得最高的纳什效率系数时,此时则获得最优的模型参数 M 值和 τ 值。

(5)基于式(2.5),将最优的模型参数 M 值和 τ 值代入,则可求得岩溶水系统的补给面积。

本节模型输入的是有效补给降雨量,计算地下水的有效补给降雨量需要得知陆面蒸散发量,对缺乏监测资料的岩溶山区,陆面蒸散发量的估算是一个难点。为了提高该方法的可操作性,在缺乏监测资料地区的应用时,可采用如下几种方法来获取模型中的有效补给降雨量。

(1)使用经验公式将研究区的水面蒸发量折算为陆面蒸发量,再采用一段均衡时间内的实测流量数据进行折算公式的水均衡校正,可估算出陆面蒸发量的季节分布(罗明明,2017),利用陆面蒸发量的季节分布可计算不同时刻单次降雨事件的前期水分亏损量,则可计算出单次降雨事件的有效补给量。后文中的3个应用实例均是采用此方法估算有效补给降雨量。

(2)参考相似下垫面条件下的产流阈值,岩溶区的单次降雨产流阈值一般在几毫米至十几毫米(廖春来等,2020),通过扣除单次降雨事件的产流阈值可估算得到单次降雨产生的有效补给降雨量。

2.3.2 雾龙洞地下河

本节选取雾龙洞地下河系统对上一小节的方法进行应用与实践。雾龙洞地下河位于湖北省宜昌市兴山县黄粮镇内,该区是香溪河流域内一个典型的岩溶槽谷区。补给区为台原型溶丘洼地地貌,地面高程为900～1100m;排泄区为溶蚀侵蚀中山峡谷地貌,雾龙洞地下河出露于高岚河北岸的崖壁上,出口标高为600m,补给区与排泄区的地形相对高差较大。在雾龙洞地下河的补给区,岩溶洼地和落水洞等地表岩溶形态十分发育,岩溶洼地与落水洞呈串珠状分布,为大气降水灌入式集中补给提供了良好的地下水补给通道(图1.21)。雾龙洞地下河所在的岩溶含水系统由寒武系和奥陶系的白云岩和灰岩组成,其下部为由寒武统石牌组和牛蹄塘组泥岩和页岩构成的隔水层,在岩溶含水层与隔水层交接部位出露地下河(图1.22),为接触下降成因(罗明明等,2014)。雾龙洞地下河在枯水期的径流量一般为0.03～0.05m^3/s,但在暴雨过后的洪峰流量可达3～4m^3/s,水文过程曲线随降雨事件呈现出暴涨急落的特点,对外界输入的响应十分灵敏。

在雾龙洞地下河的模拟中,将研究区水面蒸发量的观测数据折算为陆面蒸散发量的年内分布(Luo et al.,2016b),有效补给降雨量通过扣除前期累积陆面蒸散发量获得,选择雾龙洞典型雨季的水文过程曲线进行模拟与验证,通过调参和最优拟合得到最优模型参数τ值为0.85d,M值为0.019 5×10^{-3} m^2/s。模拟结果较为准确地捕捉到了洪峰时刻和峰值流量,模拟出了单次降雨事件之后快速响应的水文过程曲线,而对那些没有产生有效补给的降雨事件,则没有产生新的径流过程(图2.10)。利用式(2.5),通过优化参数M值和τ值,雾龙洞地下河系统估算出的补给面积为8km^2。通过示踪试验和地形地貌分析确定的补给面积为8.7km^2(Luo et al.,2016b),模拟估算的补给面积与水文地质调查圈划的补给面积较为接近。

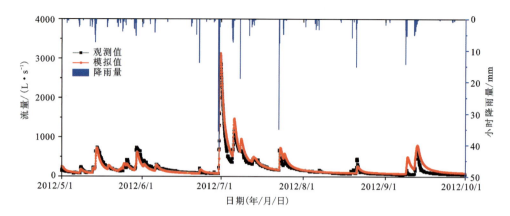

图 2.10　雾龙洞地下河水文过程模拟曲线

2.3.3　桂林丫吉试验场 S31 岩溶泉

为了进一步验证基于岩溶水动态模拟求取补给面积方法的可靠性,考虑不同岩溶地貌类型的代表性,本节选取了中国南方峰丛洼地区的典型代表——广西桂林丫吉试验场内的 S31 岩溶泉进行验证。S31 岩溶泉出口高程为 150m,其补给区为海拔 250~600m 的峰丛洼地。场地及其周围处于由泥盆系融县组(D_3r)灰岩构成的舒缓背斜上,岩溶洼地密度为 4~6 个/km^2,落水洞数量众多,表层岩溶带非常发育。降雨沿着岩溶洼地、落水洞、表层岩溶带和包气带岩溶裂隙下渗汇集后,通过岩溶管道排泄于峰林平原,在山地与平原边界附近形成多个下降型岩溶泉(图 2.11,图 2.12)。试验场地 2km^2 内有岩溶洼地 13 个,岩溶泉 4 个,这种连续型岩溶含水系统形成了多个水文地质条件相似的小型岩溶水流系统,各系统之间的

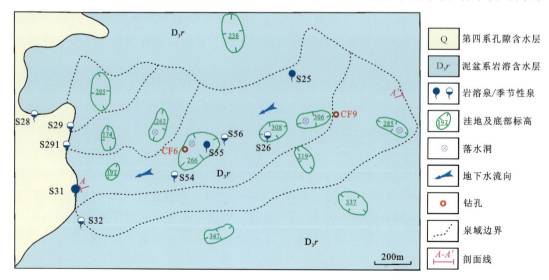

图 2.11　桂林丫吉试验场 S31 岩溶泉水文地质图

边界没有明显的水文和地貌标志,因此,如何界定岩溶泉的补给范围和确定泉域面积成为难题。示踪试验结果表明,通过落水洞的径流能够快速到达岩溶泉,代表了一类优先通道,根据落水洞径流与岩溶泉的连通性以及落水洞对应岩溶洼地的地表分水线确定 S31 岩溶泉主要由沿着东西向排列的 3 个岩溶洼地构成,估算 S31 岩溶泉的流域面积约为 1km² (袁道先,1996)。

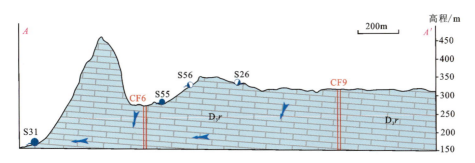

图 2.12　桂林丫吉试验场 S31 岩溶泉水文地质剖面图

S31 岩溶泉流量变化范围为 0~1500L/s,一般流量为 20~60L/s,具有强烈的动态变化,属于流量极不稳定型泉。暴雨时期岩溶泉流量洪峰滞后降雨 2~3h,洪水消退迅速,24h 内流量衰减过半。2016 年 5 月至 6 月多次出现强降雨,泉流量经历了 5 次洪水过程。模型采用该水文期的小时降雨量和流量数据,利用水面蒸发量折算陆面蒸散发量的年内分布,通过扣除每次降雨前的累积陆面蒸发量来求取有效补给降雨量,实现了其径流过程的模拟(图 2.13),模拟得出最优模型参数 τ 值为 0.16d,M 值为 0.013 8×10^{-3}m²/s,计算泉域面积为 1.1km²,结果与示踪试验获得的结论基本一致,模型检验效果良好。

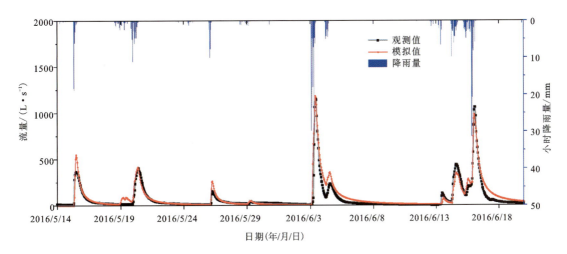

图 2.13　桂林丫吉试验场 S31 岩溶泉水文过程模拟

2.3.4 方法适用性探讨

M 和 τ 是本节集总式水文模型中的两个关键性控制参数，它们分别决定了峰值流量的量级大小及水文过程响应的滞后与延迟时间，这些特征参数受到岩溶含水介质的渗透性能和岩溶水系统规模大小的控制。在实际应用中，因为岩溶含水介质的高度非均质性和空间异质性，渗透系数和给水度等参数难以准确获取，而反映岩溶水系统规模的补给面积又正是我们想求取的参数，因此 M 和 τ 这两个参数很难通过实际计算得到，往往通过拟合实际的单次水文过程曲线获得初始参考值，再通过调参获得最优模拟效果后来确定最优参数。在两个应用案例中，丫吉 S31 岩溶泉由于岩溶发育程度较高（K 较大），且其集中补给点与排泄点的距离较近（L 较小），因而其 τ 值最小，只有 0.16d，显示出非常快速的水文过程响应。

从该方法应用的空间尺度考虑，在规模较小的岩溶水系统中，单次降雨的分布相对均衡，可概化为一个集中补给端元输入，这样便更适用于对不同次降雨产生的地下径流过程进行叠加，往往能取得比较理想的拟合效果。对于规模较大的岩溶水系统，单次降雨在其整个空间范围上的分布可能不均匀，同时其可能存在多个相对集中的补给端元，便不宜概化为单一补给端元的输入，地下径流过程在空间上难以直接使用叠加原理，这也反映出集总式水文模型在大型岩溶水系统中应用的局限性。因此，本节的补给面积估算方法对于补给面积超过 $1000km^2$ 的大规模岩溶水系统的适用性较差。

在我国南方岩溶区，岩溶发育程度普遍较高，出露较多的岩溶泉或地下河，这些岩溶水系统普遍比北方的岩溶水系统规模要小，以几十平方千米到上百平方千米的中小尺度规模为主。在降雨事件之后，这些岩溶泉或地下河普遍都极易出现非常灵敏且迅速的水文过程响应，地下径流过程曲线呈现出脉冲响应的特点。本节选择的广西桂林丫吉试验场 S31 岩溶泉和湖北兴山雾龙洞地下河在降雨后均具有快速的水文过程响应，使用岩溶水动态模拟估算的补给面积与水文地质测绘或综合分析所得的补给面积形成了较好的验证。因此，本节提出的岩溶水系统补给面积估算方法比较适用于水文响应灵敏的中小规模岩溶水系统，对我国南方岩溶水文地质调查与研究中补给面积的确定提出了新思路。

3 岩溶水溶质运移过程

3.1 岩溶水溶质运移基本原理与控制因素

在我国南方裸露型岩溶区,复杂岩溶地质结构导致的结构性缺水和岩溶地下水极高的易污性导致的水质型缺水,正严重威胁着当地水资源开发利用与生态安全,当地经济社会发展与生态环境健康发展对清洁水资源供给和岩溶水污染防治提出了空前紧迫的需求(韩行瑞,2015;袁道先,2015;曹建华等,2017;Goldscheider et al.,2020;江成鑫等,2021)。在岩溶水补给过程中,来自地表的各种水源常携带岩溶洼地的污染物通过落水洞呈集中灌入式补给进入地下河系统,污染物在岩溶管道(conduit)和裂隙介质(matrix)中的迁移规律直接控制着地下河系统的污染过程,影响着水质的变化(Ghasemizadeh et al.,2012;陈静等,2019;邹胜章等,2019;Yang et al.,2020)。

溶质在地下河系统中的运移过程十分复杂,往往需要经历岩溶管道和裂隙等多重含水介质,其中溶质在岩溶管道与裂隙介质间的交换是一种十分普遍的现象(Bauer et al.,2003;Binet et al.,2017;Cholet et al.,2017)。在强降雨补给条件下,岩溶管道内的水位迅速上升,水头差驱使管道内的水流和溶质进入到与管道连通的裂隙介质中;降雨结束以后,水力梯度发生反转,管道成为周围裂隙的排水通道,裂隙中携带溶质的水流则以较低的流速缓慢释放进入管道中(Bailly-Comte et al.,2010;Zhang et al.,2020)。一次降雨集中补给过程就好比一次脉冲输入,管道与裂隙介质间的水力梯度在脉冲输入前后发生转变,水流与溶质在管道与裂隙介质间经历了一个交换过程(Martin et al.,2001;Schmidt et al.,2014)。这个交换过程增加了溶质在岩溶水系统中的滞留时间,影响着溶质的物理-化学-生物反应变化、浓度衰减过程与延迟释放、穿透曲线拖尾或多峰形态等,对溶质在岩溶水系统中的迁移过程起到了十分重要的控制作用(Li et al.,2008;赵小二,2018;Chen et al.,2020)。

在我国南方岩溶区的补给过程中,落水洞向地下河的补给不是一个持续且恒定的过程,而是在降雨后形成一个脉冲式的集中补给过程(Luo et al.,2018a),表现为一种非稳定流条件下的水文响应过程。因此,对于不同补给条件和不同流态下的溶质运移,其运移过程与机理、观测与试验、模拟技术等还需要进行系统的研究。

3.1.1 岩溶水溶质运移过程

袁道先等(2016)将全球岩溶区划为冰川岩溶区、亚欧板块岩溶区、北美板块岩溶区以及冈瓦纳大陆岩溶区4个大区。中国位于亚欧板块岩溶区,其岩溶基本类型又可划分为热带及亚热带岩溶、干旱和半干旱区岩溶、温带湿润区岩溶、高原高山岩溶及其他非地带性岩溶(包括热水岩溶、蒸发岩盐岩溶、滨海岩溶、古岩溶)。本书研究的香溪河流域主要属于亚热带岩溶这一类型(Luo et al.,2018b)。

在我国南方岩溶区,岩溶含水介质具有较高的非均质性,常常是洞穴、管道、裂隙、孔隙等多重含水介质并存,不同大小空隙中的地下水运动并不同步(罗明明等,2015b)。岩溶含水层中的空隙主要包括原生孔隙、次生裂隙以及溶蚀管道和洞穴3部分。通常情况下将溶蚀管道和洞穴中的水视为管道流,而将原生孔隙和次生裂隙中的水视为裂隙流。在小于1mm孔径的孔隙中,水流往往表现为层流(Hubbert,1940);而在岩溶含水层的主要通道中,水流通常表现为紊流(Smith et al.,1976)。降水时,通过地表的落水洞、溶斗等,岩溶管道迅速大量吸收降水及地表水,水位抬升快,形成水位高脊,在向下游流动的同时还向周围裂隙及孔隙散流(图3.1);枯水期岩溶管道排水迅速,形成水位凹槽,周围裂隙及孔隙中的水向管道流汇集(张人权等,2018)。在这个管道流与裂隙流交换的过程中,管道流和裂隙流均呈现出非稳定流状态,并伴随着管道流与裂隙流中溶质的交换。

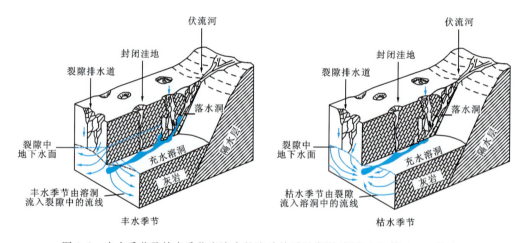

图3.1 丰水季节及枯水季节岩溶水的流动关系示意图(据张人权等,2018,修改)

岩溶水系统排泄出口溶质浓度历时曲线(穿透曲线)是溶质在管道-裂隙介质系统中运移过程的综合反映,通过野外人工地下水示踪试验获得的穿透曲线形状通常呈偏态分布,穿透曲线的拖尾现象十分常见,甚至出现多峰现象。溶质的吸附解吸、管道与裂隙的溶质交换、暂态存储与再释放、溶质与滞留区水体的混合、溶质在管道流中的稀释、分支管道的溶质分流与叠加等过程均可以造成溶质穿透曲线的拖尾或多峰现象(Field et al.,2012;赵小二,2018)。由于我国南方岩溶区管道与裂隙介质并存,加之季风气候区的集中降雨事件频繁,管道与裂隙介质间的水力关系经常在降雨前后发生转换,因此管道与裂隙之间时常发生水流和溶质的交换,这也是导致溶质穿透曲线拖尾效应的重要原因之一(Zhang et al.,2020)。

3.1.2 岩溶水溶质运移过程观测

关于管道与裂隙介质间的水流运动与溶质运移过程,可以从野外场地和室内物理模型两个尺度进行刻画。

3.1.2.1 野外场地尺度

在野外场地尺度中,可通过水文观测、示踪试验等方法观测到岩溶管道与裂隙介质间的水流和溶质运移与交换现象。水文观测法通过观测岩溶泉的流量、电导率、典型水化学组分等指标来研究岩溶管道与裂隙介质之间的水量交换、压力传导以及溶质交换规律(Bailly-Comte et al.,2010)。示踪试验法则更为直观,通过对某一具体示踪剂在岩溶含水层中的运移规律来揭示岩溶管道与裂隙介质之间溶质运移和交换过程。水中的天然沉积物、水化学组分和稳定同位素均可以作为示踪剂,用于揭示岩溶管道与裂隙介质间的水流交换、混合和暂态存储规律(Binet et al.,2017;Goeppert and Goldscheider et al.,2019;Frank et al.,2019)。

由于野外场地尺度的管道-裂隙间水流运动与溶质运移过程研究极度受限于岩溶水系统结构的刻画,观测水头变化和水流运动比溶质运移相对直观和容易,总体在这方面成功开展的野外场地尺度溶质交换研究案例较少。因此,对于野外实际条件下的溶质运移过程观测亟需加强,想找到一个理想的野外观测场地仍然具有难度。

3.1.2.2 室内物理模型尺度

室内物理模型具有条件可控、成本较低等优点,为了进一步探究物理结构和水动力条件对水流运动和溶质运移的影响,可使用室内物理模型来开展研究。简单化和尺度效应是室内物理模型面临的主要问题。因此,为了将场地尺度条件放大或缩小到实验室尺度,需要保持几何学、运动学及力学3方面的相似度(Mohammadi et al.,2020)。

在研究岩溶水流运动或溶质运移规律的室内物理模型中,常见的有砂箱模型、岩块模型、管道-裂隙网络模型、管道-裂隙耦合模型(Mohammadi et al.,2020)。其中,用于研究管道与裂隙介质间水流运动或溶质运移最常见的是管道-裂隙耦合模型(图3.2),这类模型考虑了管道与裂隙之间的水头差和水流交换,且这类模型几乎在装置中都将管道和裂隙两侧设置为水头边界(Li et al.,2008;Faulkner et al.,2009;Gallegos et al.,2013;Mohammadi et al.,2019;赵良杰,2019)。例如,Li 等(2008)通过室内垂向砂箱物理模型试验,研究了管道与裂隙介质间溶质的主动与被动交换对穿透曲线拖尾效应的影响;Faulkner 等(2009)以美国佛罗里达岩溶场地为原型,建立了室内砂箱物理模型,研究了定水头条件下管道与裂隙间的水量和溶质交换规律。

管道-裂隙耦合模型考虑了水流和溶质在两种介质中的流动和交换,同时通过调整实验条件可实现层流和紊流,使得这类模型对于改进岩溶含水层的模拟具有很大潜力。尽管这类模型两侧的水头边界可以调节水头高度,但绝大部分的实验均是在定水头稳定流条件下

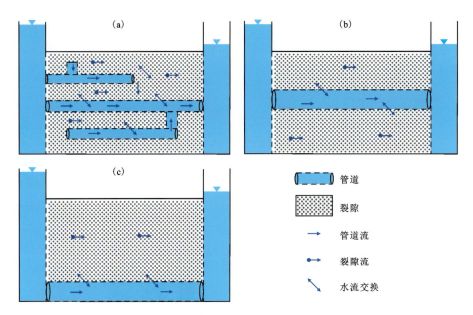

(a)多个树杈型分支管道镶嵌于砂箱中,管道四周均可以发生交换;(b)单个管道位于砂箱中部,管道四周均可以发生交换;(c)单个管道位于砂箱底部,只有管道上方可以发生交换;管道-裂隙系统的补给和排泄均为定水头边界,两侧水槽与砂箱均有直接水力联系;管道通常用一个管道或一系列交叉的管道来表示,一般把管道埋置在裂隙介质内部或外部边缘;裂隙介质一般用渗透性相对较低的细砂、玻璃珠、陶瓷土等来代替。

图 3.2 管道-裂隙耦合物理模型结构示意图(据 Mohammadi et al.,2020,修改)

开展的,对单次补给过程存在水头变化的非稳定流刻画仍然具有难度。

在我国南方岩溶区的野外实际场地条件下,地下河或大型岩溶泉多以单一出口或泉群的形式向地表排泄,管道与裂隙的水流和溶质交换主要发生在落水洞垂向补给过程中和饱水带水平管道的径流中。此时地下河出口处一般不存在连续的垂直水头边界来同时控制管道和裂隙介质中的水位,地下河出口往往受岩溶管道出口的排泄标高控制,形成全排型岩溶水系统(罗明明等,2014)。因此,以我国南方典型岩溶水系统来建立物理模型,出口处一般不太可能出现裂隙和管道的共同水头边界,需要设置变化水头来控制。

在完整岩溶水系统的室内建模方面,牛子豪等(2017)以我国西南地区的典型岩溶水系统为原型,研制了管道-裂隙介质物理模型。该模型设置一侧为水头边界,一侧为管道出口,无水头边界控制,比较符合我国西南岩溶区的实际情况。Wu 等(2019)和 Shu 等(2020)以我国北方济南岩溶大泉为原型,建立了室内管道-裂隙物理模型。

室内物理模型一般聚焦于管道结构和溶潭等对溶质运移的影响研究。大量的室内物理模型试验研究表明,多管道和溶潭不仅会造成穿透曲线的拖尾(Wu and Hunkeler,2013;Zhao et al.,2020),在一定的条件下还会出现双峰现象(Field and Leij,2012;Mohammadi et al.,2019;Wang et al.,2020)。

3.1.3　溶质运移与交换控制因素

刻画管道与裂隙介质的水流运动是研究溶质运动的前提。岩溶管道与裂隙间的水流运动与交换主要取决于两种介质间的水头差及界面间的交换能力。在管道-裂隙系统中,出口的流量和内部的水头变化受到了管道尺寸、裂隙介质空隙度和水量交换系数等的影响(束龙仓等,2013;孙晨等,2014;张春艳等,2020;Shu et al.,2020),而溶质运移及其交换过程又受到水量和水压变化等因素的控制(腾强等,2014;Mohammadi et al.,2020),水动力条件的增强还会造成出口溶质穿透曲线的拖尾和多峰现象(罗明明和季怀松,2022),且管道和裂隙的断面尺寸及形态也会影响到溶质穿透曲线的形态(Ronayne et al.,2013;计顺顺等,2017;季怀松等,2020)。此外,岩溶管道内水位暴涨暴落的过程,极易造成管道流呈现明流与满流交替、层流和紊流相互转化的现象(孙欢等,2020),流态的改变也影响着溶质传输与交换过程。总体而言,管道-裂隙的物理结构和水动力条件会显著影响岩溶水系统中的水流运动和溶质迁移过程,进而决定着管道-裂隙间溶质交换的差异。

在不同的水动力条件下,岩溶管道与裂隙介质间常存在水流与溶质的交换,前人通常利用线性方程来定量刻画这种交换过程(赵良杰,2019),表达式为

$$q_{\text{exchange}} = \alpha (h_{\text{matrix}} - h_{\text{conduit}}) \tag{3.1}$$

式中:q_{exchange}为单位面积上管道与裂隙间的水流交换量(m²/h);α为单位面积上的水流交换系数(m/h),受裂隙渗透系数、交换表面积、管道水力梯度和管道形态等因素控制;h_{matrix}为裂隙介质的水头(m);h_{conduit}为管道内的水头(m)。

对于岩溶管道的实际补给过程而言,在一次集中降雨补给事件过程前后,管道与裂隙水位均不是恒定的,管道与裂隙水位的变化与水力梯度的反转影响着裂隙的充水和释水过程(Bailly-Comte et al.,2010)。无论是裂隙充水过程,还是释水过程,受管道水位快速上涨和衰退的影响,充水量和释水量的变化均不是线性的,导致其中携带溶质的运移过程也更为复杂。

除管道-裂隙结构和水流特征外,溶质的种类和特性也是影响溶质运移过程的重要因素,保守型和非保守型溶质的运移过程存在显著差别(Luhmann et al.,2012)。目前岩溶水系统溶质运移的研究多集中于保守型溶质,其性状稳定、便于观测,只需考虑溶质运移的物理作用。例如,NaCl、胭脂红等多用于室内试验的研究(张雪梅,2019),而荧光素钠、罗丹明、荧光增白剂等有机染料则常用于野外地下水示踪试验(Zhang et al.,2020)。在实际的岩溶水系统中,氮素、颗粒、有机物等非稳定的溶质或污染物是大量存在的(Chen et al.,2020;Goeppert and Goldscheider,2019;陈余道等,2014),涉及化学或生物作用的岩溶管道-裂隙介质间的溶质运移过程与机理研究值得进一步探索。

3.1.4　岩溶水溶质运移过程模拟

岩溶管道溶质运移模拟中常用的模型包括概念模型和数值模型。

3.1.4.1 概念模型

概念模型常用于拟合并解释溶质穿透曲线形态,被广泛地应用于岩溶管道溶质运移的研究中。一些常用的概念模型包括一维或改进的对流-弥散模型、裂隙扩散模型、两区非平衡模型(two-region nonequilibrium model)(Toride and Leij,1993;Field and Pinsky,2000)、暂态存储模型(transient storage model)(图3.3;Bencala and Kenneth,1983;Morales et al.,2010;Dewaide et al.,2016)、连续时间随机游走模型(continuous time random walk model)(Berkowitz et al.,2016,2006;Goeppert and Goldscheider,2008;Cortis and Berkowitz,2010)等。对流-弥散方程是最经典的溶质运移方程,在相对简单的岩溶水系统的水流和溶质运移模拟过程中能取得较好的效果(Cholet et al.,2017)。针对复杂岩溶水系统中的长拖尾型穿透曲线,两区非平衡模型、暂态存储模型及连续时间随机游走模型则具有相对更好的拟合效果(郭芳等,2016;赵小二等,2020;Goeppert et al.,2020)。

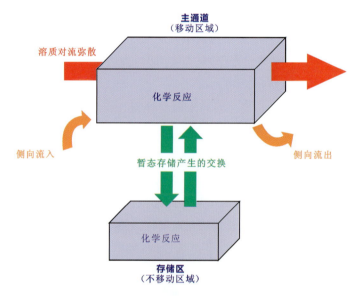

图 3.3 暂态存储模型的主要功能原理(据 Dewaide et al.,2016,修改)
(溶质运移主要在主通道进行,同时与存储区发生交换)

这些模型虽然能对示踪剂穿透曲线产生良好的拟合效果,但不能把管道裂隙结构参数和溶质交换系数等与岩溶水系统实际物理结构联系起来,模型参数的物理意义不够明确,很少分析模型参数与水动力条件、管道裂隙结构之间的关系,模型得到的参数也很难推广应用到其他岩溶水系统中。

3.1.4.2 数值模型

数值模型也常用来模拟管道与裂隙间的水流与溶质运移过程,常用的包括基于Modflow-CFP(Reimann et al.,2011;Mohammadi et al.,2018)和COMSOL(Wu and Hunkeler,2013)等进

行的水流及溶质交换模拟。其中 Modflow-CFP 在管道-裂隙介质水流交换的室内试验模拟中取得了较好的效果(Gallegos et al.,2013;Shu et al.,2020)。在管道-裂隙水流交换的基础上耦合溶质运移模拟时,可使用经典的 MT3D 溶质运移模型。CFP 和 MT3D 的耦合模型也可以成功应用于地下河及岩溶管道系统中的溶质运移模拟(Xu et al.,2015;杨杨等,2019)。CFP 模型考虑了岩溶管道的层流和紊流状态,耦合至等效介质的水流模型中,但没有考虑管道内部的水动力过程变化,且管道与裂隙介质间的水流交换采用线性方程,这对于刻画我国南方脉冲式补给条件下的水流运动和溶质运移规律还有改善的空间。

在管道流和裂隙流等多相流耦合刻画中,前人常用 Stokes 方程来刻画管道流,用 Darcy 方程来刻画裂隙流,用 Beavers-Joseph 边界条件来刻画管道与裂隙介质的水流交换(Faulkner et al.,2009)。在管道流与裂隙流耦合时,由于 Stokes 和 Darcy 两个方程的微分阶次不同,需要在交界面处引入合适的界面条件,Beavers-Joseph 速度滑移条件是目前应用最多的界面交换条件[式(3.2)],尤其是应用在碳酸盐岩缝洞型油气藏的研究方面(黄佩奇和陈金如,2011;黄朝琴等,2014)。

$$\begin{cases} \boldsymbol{u}_s \cdot \boldsymbol{n} = \boldsymbol{u}_d \cdot \boldsymbol{n} \\ p_s - \boldsymbol{n}^T \cdot \boldsymbol{\tau} \cdot \boldsymbol{n} = p_d \\ -\boldsymbol{n}^T \cdot \boldsymbol{\tau} \cdot \boldsymbol{t} = \dfrac{\mu \alpha}{\sqrt{\boldsymbol{t}^T \cdot \boldsymbol{K} \cdot \boldsymbol{t}}} (\boldsymbol{u}_s - \boldsymbol{u}_d) \cdot \boldsymbol{t} \end{cases} \quad (3.2)$$

式中,$\boldsymbol{n}$ 为交界面的单位法向量;$\boldsymbol{t}$ 为其单位切向量;$\boldsymbol{u}, p, \boldsymbol{\tau}$ 分别代表速度向量、压力和切应力张量;$\mu, \boldsymbol{K}, \alpha$ 分别为流体黏度、多孔介质渗透率张量和速度滑移系数;下标 s 和 d 分别代表 Stokes 流和 Darcy 流。第一个条件为法向速度连续条件;第二个条件为法向应力连续条件;第三个条件则表示管道侧的切向应力与界面处流速过渡的关系(Beavers and Joseph,1967)。

3.2 野外尺度的溶质运移规律

本节选取黄粮岩溶槽谷区为例,通过地下水示踪试验开展野外尺度的溶质运移规律研究。

3.2.1 示踪方法及概念模型

地下水示踪试验常用于确定岩溶泉的补给区和计算地下水流速等水文地质参数,还经常被用于定量刻画和模拟地下水流和溶质运移过程等(Goldscheider,2008;Morales et al.,2010;Mudarra et al.,2014;Lauber et al.,2014;Lauber and Goldscheider,2014),地下水示踪试验已成为揭示岩溶水动力特征和溶质运移规律的重要技术方法。在岩溶区开展地下水示踪试验,不仅可以直观地追踪岩溶水的来源,还可以了解岩溶含水介质内部的空间结构特征(杨平恒等,2008;于正良等,2014)。

在本节的研究中,野外人工地下水示踪试验采用瑞士产野外自动化荧光仪(GGUN-

FL30)进行自动监测,选用荧光素钠、罗丹明、荧光增白剂等人工示踪剂在补给区的落水洞进行投放,在岩溶泉出口进行自动检测。

对于岩溶管道中的紊流,示踪剂在岩溶水中的运移主要以机械弥散作用为主,一维流动的溶质运移可用纵向对流-弥散理论来刻画(Goldscheider and Drew,2007),根据初始条件和边界条件得其定解,如式(3.3)(Kreft and Zuber,1978)所示。

$$C(x_s,t) = \frac{M}{A\sqrt{4\pi D_L t}} \exp\left[\frac{-(x_s-vt)^2}{4D_L t}\right] \quad (3.3)$$

式中:C 为示踪剂浓度;x_s 为纵向距离;t 为示踪剂投放后历时;M 为示踪剂质量;A 为横断面积(取决于排泄水量和纵向长度);D_L 为纵向弥散系数;v 为等效流速。

在集中灌入式补给条件下,管道-裂隙型岩溶水系统主要通过岩溶洼地汇流,落水洞接受灌入式补给,在岩溶泉或地下河出口形成快速的水文过程响应。在灌入式补给过程中,同时投放人工示踪剂,示踪剂的溶质运移过程随着水文过程响应的变化而变化。管道的充水和释水过程均快于裂隙,当管道水位高于裂隙水位时,管道流向裂隙流补给;当管道水位低于裂隙水位时,裂隙流向管道流补给。在管道流与裂隙流双向补给的过程中,一部分溶质先随着水流进入裂隙水中储存,随着管道水位快速下降后,进入裂隙流中的溶质又会释放到管道流中。

在这个集中补给至排泄的过程中,溶质的运移可以总体概括为两个运移路径(图3.4):①溶质一直在管道流中运移,即溶质只途经了从落水洞到地下河出口的连通管道;②溶质从落水洞口进入管道流,在管道流与裂隙流的双向补给过程中,先由管道流进入裂隙流中,后期再由裂隙流进入到管道流中,最终排泄至地下河出口。在第二条运移路径中,溶质多经历了进入裂隙、再从裂隙出来的过程,增长了溶质的运移途径,这一过程便是溶质的储存-再释放过程。

在不同路径的溶质运移过程中,可分别利用对流-弥散过程来概化。不同径流途径中溶质运移过程的叠加则是地下河出口的总溶质迁移过程,利用不同径流途径中溶质迁移过程的差异对比,便可以估算不同运移路径中的溶质传输质量。

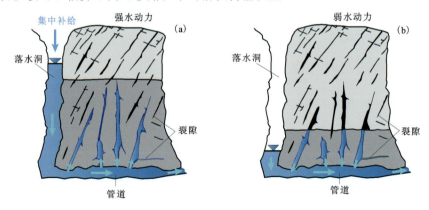

图3.4 不同水动力条件下溶质在管道-裂隙系统中的溶质存储-释放过程示意图

3.2.2 人工示踪试验过程

2013年7月5日,在刘家坝落水洞口投放罗丹明6kg,落水洞口的汇流量约为5L/s,在接下来的两个月中都没有明显的有效降雨补给,代表了枯水期低水位的试验条件。在刘家坝落水洞口注入罗丹明57.31h后,在白龙泉首次检测到示踪剂(图3.5),查明了刘家坝→白龙泉的径流通道(见图1.21)。

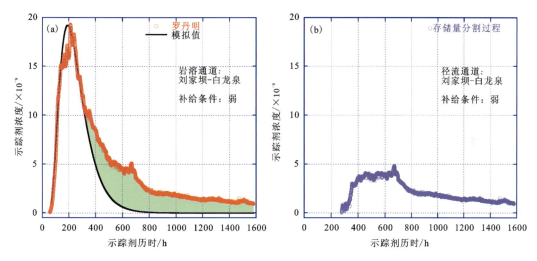

图3.5 刘家坝→白龙泉示踪剂迁移过程及其模拟曲线

2014年7月12日,在集中暴雨条件下,在龙湾落水洞口投放荧光素钠3kg,5.17h之后,在雾龙洞首次检测到示踪剂;5.65h之后,在白龙泉也检测到荧光素钠。同时在石槽溪落水洞口投放罗丹明4kg,8.80h之后在雾龙洞检测到示踪剂。本次实验分别查明了龙湾→雾龙洞、石槽溪→雾龙洞、龙湾→白龙泉3条径流途径(见图1.21)。

2014年8月12日,降雨量小于2014年7月12日,在相同的投放点,实施了一组暴雨条件下的对比研究试验。从龙湾落水洞口投放荧光素钠3kg,6.50h之后雾龙洞首次接收到示踪剂。在石槽溪落水洞口投放罗丹明3kg,15.15h之后雾龙洞接收到示踪剂。本次对比实验再次验证了龙湾→雾龙洞、石槽溪→雾龙洞这两条径流途径。

由于研究区的岩溶含水介质具有高度的非均质性和各向异性,在不同的补给条件和径流通道中,岩溶裂隙与管道所扮演的角色有明显差异。2013年,在无有效降雨补给的情况下,查明了刘家坝→白龙泉之间的径流通道,由于缺乏大量灌入式集中补给,岩溶管道储水量小,岩溶裂隙介质成为最主要的地下水储存与运移空间,因此其地下水流速与暴雨期间试验得出的流速具有数量级的差别,示踪剂浓度历时曲线的拖尾现象明显。在2014年暴雨期实施的两组示踪试验中,大量降雨和坡面流通过岩溶洼地和落水洞快速集中补给地下水,较强的水动力条件驱使地下水主要在管道中径流,岩溶管道成为快速流的主要储存与运移空间,示踪剂穿透曲线历时短,曲线形态表现出较为对称的单峰。

2014年7月12日的降雨量大于2014年8月12日，因此降雨集中补给量也较大，更强的水动力条件导致示踪剂的运移时间更短，地下水流速更大，弥散系数也更大。两组对比试验说明，在雨季集中补给情况下，快速流的实际流速最高可达每小时千米以上，同时也携带着溶质在快速地运移，造成示踪剂的穿透曲线历时较短。在不同的径流途径上，由于管道结构和岩溶发育程度的不同，穿透曲线的历时长短和拖尾现象等呈现出明显差异。石槽溪→雾龙洞比龙湾→雾龙洞的地下水流速偏小，穿透曲线的拖尾更严重，预示着石槽溪→雾龙洞这一径流通道上的岩溶发育程度更弱，对溶质运移起到了更强的阻滞作用。当降雨条件越强，补给量越大，即管道中的水动力条件越强，溶质穿透曲线则越对称，拖尾现象越不明显。此时，更强的水动力条件导致地下水流速增大，对流在溶质迁移过程中占据主导作用，则允许示踪剂进入滞留区（裂隙、溶穴等）的时间变短，从而使得穿透曲线没有表现出明显的拖尾现象。

3.2.3 溶质运移过程模拟

通过野外地下水示踪试验获取示踪剂穿透曲线，将其概化为两种运移途径，对直接通过岩溶管道的第一种运移途径进行模拟，再利用穿透曲线和第一种运移途径的模拟曲线分割出第二种运移途径的溶质迁移过程。

对于第一种运移途径而言，溶质运移的过程可以用管道流中的溶质运移来概化，利用一维对流-弥散过程来刻画。管道流运移的距离短、地下水流速大，导致溶质的运移时间短、峰值浓度高，穿透曲线显示出比较"瘦窄"的形态。由于管道流中的溶质是最先到达地下河出口的，穿透曲线的起峰过程基本反映出了管道流中溶质的起峰过程。

对于第二种溶质运移途径，它增加了从管道进入裂隙、再从裂隙释放到管道里来的过程，因此它的运移途径变长，裂隙中地下水的流速变小，运移的时间也变长。由于裂隙的宽度有限，能在高水位进入裂隙的溶质的量也是有限的，因此其峰值浓度小。

在溶质运移的过程刻画中，首先利用对流-弥散方程拟合第一种运移途径的溶质运移过程，可以看出，取得了良好的拟合效果，尤其是穿透曲线的起峰过程，说明了最快到达地下河出口的溶质主要来自管道水中的运移。最佳的对流-弥散拟合曲线代表管道水中的溶质运移过程，利用总穿透曲线减去拟合曲线，则得到第二种运移途径的溶质运移过程。

第二种运移途径的溶质运移过程仍然能较好地符合对流-弥散过程，尤其在它的起峰阶段（图3.6，图3.7）。但是，仍然存在一定程度的拖尾现象，说明很可能存在次级裂隙或孔隙对溶质迁移起到阻滞作用。

3.2.4 溶质储存-再释放量估算

利用总穿透曲线与管道流中溶质的对流-弥散拟合曲线的包络面积，可求得每一组示踪试验在第二种运移途径中的运移总量，即为溶质的储存-再释放量。由计算结果（表3.1）可以得出如下规律。

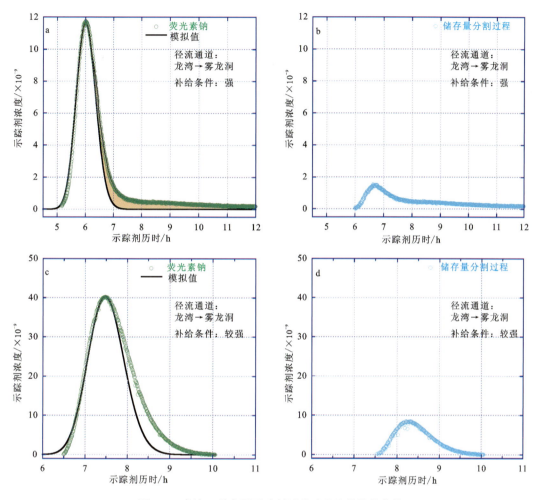

图 3.6 龙湾→雾龙洞示踪剂迁移过程及其模拟曲线

(1)随着补给量的增加,水动力条件增强,溶质的储存量减小。2014 年 7 月示踪的降雨量最大,水动力条件最强,龙湾→雾龙洞的溶质储存量为 32.89g,石槽溪→雾龙洞的溶质储存量为 61.12g。而在 2014 年 8 月时,降雨量减小,水动力条件变弱,这两组的溶质储存量分别为 67.53g 和 286.09g。刘家坝→白龙泉是在无降雨条件下开展的,其水动力条件最弱,溶质储存量达到了 1 573.31g。

(2)从储存率来看,水动力条件强的情况下,一个示踪投放点的水流可以流向多处,导致示踪剂的回收率低,同时其储存率也低。因此,随着水动力条件的增加,示踪剂在单一管道中的储存效率变低,原因可以归为两方面:一是水动力条件增强,出现分流现象,导致流向某一岩溶管道的示踪剂减少;二是在强水动力条件下,水流集中而快速地向管道中运移,地下水的流速快,溶质迁移以快速的对流作用为主,导致与裂隙发生交换的时间缩短,从而使得裂隙的溶质储存量降低。

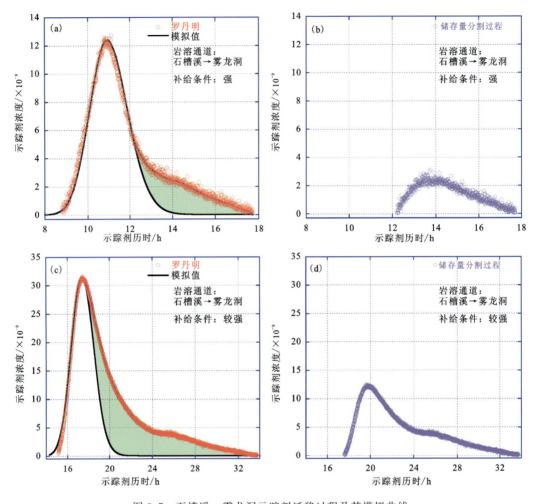

图 3.7　石槽溪→雾龙洞示踪剂迁移过程及其模拟曲线

在管道-裂隙岩溶水系统中,由于管道和裂隙的组合或发育的强烈非均质性,水流在整个岩溶水系统中的运移并不一致,在某些区域可能表现为滞留区,例如与管道连通的裂隙或溶穴、溶潭等,当示踪剂进入这些滞留区进行暂时性的储存,此时由于地下水流速减小,溶质的对流作用减弱,溶质的迁移主要表现为机械弥散。当这些进入滞留区的溶质再从滞留区出来进入到畅通的管道时,这部分经过滞留的溶质继续参与到管道流的运移中,这样从历时上来看,这部分溶质的迁移便产生了滞后效应,在地下河出口的溶质迁移穿透曲线上便表现为拖尾现象,则储存-再释放量就是对这种拖尾效应的定量评估。对于灌入式补给条件下的污染物迁移来说,尤其是遇到岩溶洼地或落水洞的突发性污染事件,污染物迁移拖尾现象决定了污染物衰减的速度与浓度分布,因此评估出这种污染物滞后释放的数量及其时间分布,对于岩溶地下水的污染与防治具有重要意义。

表 3.1　人工示踪试验及储存量估算结果

参数指标	刘家坝—白龙泉	龙湾—雾龙洞 7	石槽溪—雾龙洞 7	龙湾—雾龙洞 8	石槽溪—雾龙洞 8
投放日期(年/月/日)	2013/7/5	2014/7/12	2014/7/12	2014/8/12	2014/8/12
示踪剂	罗丹明	荧光素钠	罗丹明	荧光素钠	罗丹明
投放量/kg	6	3	4	3	3
平面距离/m	3228	5046	3638	5046	3638
平均流量/(L·s^{-1})	149	2821	2146	2170	1147
初次检测时间/h	57.31	5.17	8.80	6.50	15.15
最大流速/(m·h^{-1})	56	976	413	776	240
峰值浓度/(μg·L^{-1})	19.25	11.77	12.72	40.24	31.58
峰值运移时间/h	212.67	6.00	11.13	7.47	17.38
平均流速/(m·h^{-1})	15	841	327	676	209
第二通道峰值浓度/(μg·L^{-1})	4.81	1.55	3.11	8.54	12.46
第二通道峰值运移时间/h	670.56	6.64	13.74	8.28	19.75
第二通道平均流速/(m·h^{-1})	5	760	265	609	184
回收率/%	63.80	5.13	6.88	13.39	20.61
弥散系数/(m^2·s^{-1})	0.17	5.44	1.32	1.16	0.27
储存量/g	1573.31	32.89	61.12	67.53	286.09
储存量占回收量百分比/%	41.10	21.37	22.21	16.81	46.27
储存量占投放量百分比/%	26.22	1.10	1.53	2.25	9.54

3.3　岩溶裂隙系统中的溶质运移

碳酸盐岩在我国西南地区广泛分布,总岩溶面积约 $5.0×10^5 km^2$,形成了峰丛、洼地、槽谷等一系列典型的岩溶地貌(袁道先等,1994)。岩溶洼地是四周环山或丘陵,没有地表排水口的封闭状负地形(袁道先等,2016),是岩溶地区特有的地貌形态,其底部大多较为平坦,常堆积一层含水量较高、适宜耕种的松散堆积土层。在岩溶洼地广泛分布的区域,通常伴随着较为集中的农业活动,密集的农业活动会产生大量污染物;有些地方甚至将洼地和落水洞作为排污口或垃圾填埋场;在遇到突发性污染事件时,含有高浓度污染物的补给水源通过落水洞进入岩溶含水层,会对岩溶地下水产生污染(罗明明等,2018)。当洼地内的落水洞堵塞而降雨量大时,洼地排水不畅,不仅极易诱发岩溶内涝(罗明明等,2018),还易形成季节性的湖泊和沼泽型岩溶湿地(陈静等,2019)。此时洼地内汇集的坡面流和雨水将通过各种不同大小的裂隙补给进入含水层,随后又经岩溶管道排出(图3.8),因此内涝蓄水量大小和发育的不同级次裂隙将对地下水径流和污染物迁移起到不同的控制作用。另外,在岩溶水系统中,污染物迁移速度快且衰减有限,所以岩溶含水层的易损性高,岩溶地下水极易受到污染(Sauter and Monographie,1992)。

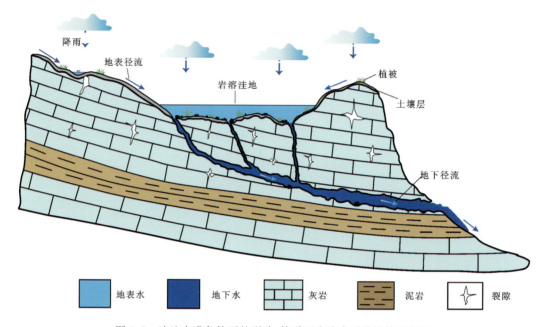

图3.8 洼地内涝条件下的裂隙-管道型岩溶水系统结构示意图

传统的水文地质方法在研究岩溶地下水流动特征和污染物迁移规律方面存在一定的局限性(Goldscheider and Drew,2007),裂隙和管道水时空分布的不均匀性限制了含水介质中水分和污染物迁移的野外试验研究的开展(张蓉蓉等,2012),如采用荧光示踪剂进行野外示踪,仅能粗略测定地下水流向和流速,且成本较高(郭绪磊等,2019)。此外,随着地下水数值模拟技术的迅速发展,大部分的研究集中在数学模型的刻画上(Enemark et al.,2019;White,2002)。虽然数值模拟可以描述更为复杂的地质条件,但由于岩溶含水层结构的高度非均质性和各向异性,数值模拟过程不能完全反映实际的岩溶特征(Ding et al.,2020)。更重要的是岩溶区地下水流主要以非线性层流和紊流形式存在,达西定律难以适用,使得传统的地下水流数值模拟在实际应用过程中并不理想(闵佳,2019)。近年来,由于物理模拟得到了进一步的发展,根据相似原理建立一个实际的地质模型,有助于揭示许多复杂的自然现象和过程(Ding et al.,2020)。所以利用相似原理对真实物体进行归纳和简化,并建立各种物理模型进行室内实验,成为了研究复杂岩溶含水层中地下水流动特征和溶质迁移规律的有效方法。在此背景下,在国外,Morales等(2010)进行了不同水文条件下岩溶管道滞留区的溶质迁移物理实验研究;Field和Leij(2012)开展了单通道畅通、多通道中主通道受阻和单通道连接有水池的管道流中的溶质迁移物理实验。在国内,腾强等(2014)开展了裂隙介质管道网络实验装置中裂隙渗流和溶质迁移的物理模拟；张雪梅等（2019）通过在室内对裂隙宽度不同的裂隙板进行组合，研究了不同组合方式下溶质的迁移规律。虽然国内外学者开展了大量物理模拟实验，但岩溶洼地系统中污染物迁移规律的物理实验却十分少见，大部分的研究集中在了旱涝防治、生态环境改善、土壤和大气 CO_2 与岩溶作用的关系等方面（李庆松等，2008；李阳兵等，2014；夏青等，2007）。

因此，本节结合相似原理设计了一种落水洞排水不畅的情况下，汇集在岩溶洼地中的大量大气降水和经过地表淋滤后的污染水体通过裂隙补给地下水后，又经岩溶管道排出的物理模型。研究洼地内涝条件下不同级次裂隙和蓄水量大小对溶质迁移的影响，旨在为峰丛洼地区溶质或污染物迁移问题的研究提供参考。

3.3.1 物理模型构建及实验方法

3.3.1.1 物理模型

野外岩溶洼地的规模大小不一，空间形态复杂多变，岩溶裂隙的粗糙度、迹长、位置、走向、张开度等在空间上的分布又具有很强的不确定性，因此结合相似原理对实际岩溶洼地系统进行归纳和简化后，选用立体水箱模拟洼地空间形态，同时采用不同隙宽的平行-相交裂隙组合模块对不同级次裂隙的网络分布进行模拟。物理模型如图 3.9 所示，主要由降雨系统、洼地系统、裂隙系统 3 部分组成。

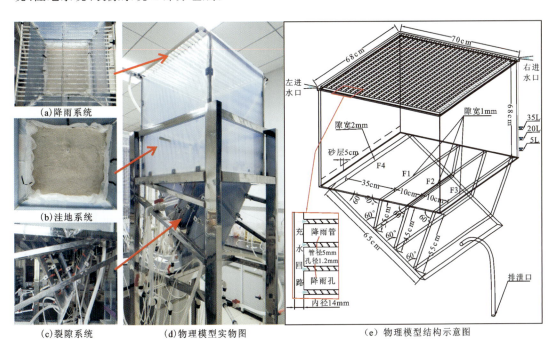

图 3.9 岩溶洼地-裂隙系统物理模型

(1) 降雨系统：为模拟天然降雨，使降雨均匀、分散地降落到洼地内，通过在水箱顶部安装降雨模拟器来实现对天然降雨的模拟。降雨模拟器由外部矩形充水回路管和降雨管组成（矩形充水回路管几何尺寸为 78cm×68cm、内径 14mm，降雨管内径 5mm，降雨孔孔径 1.2mm），同时在降雨模拟器入口处安装水阀调节降雨强度。由前人对类似降雨模拟装置降雨特性的测定结果表明，该类降雨模拟器与天然降雨的相似度好，降雨均匀度高（蒋建清等，2017）。另据供水流量与该降雨模拟器降雨强度的换算关系可知（张雪梅，2019），本实验中的降雨强度区间值为 0~0.07mm/s。

(2) 洼地系统：为模拟实际岩溶洼地的内涝情景，选用一立体水箱模拟洼地空间形态（水箱几何尺寸为 70cm×68cm×68cm），同时简化了洼地内涝前的汇流过程，直接对洼地内涝后的情景进行模拟。水箱底部均匀铺设了一层厚 5cm、体积约 0.024m³ 的石英砂层[石英砂粒径为 0.28mm(60 目)]，以模拟洼地内的松散堆积土层。

(3) 裂隙系统：本节裂隙系统是对野外岩溶水系统的概化，裂隙板 F1、F2、F3 相互平行并与 F4 相交后构成平行-相交裂隙组合模块，共同组成两个不同级次的裂隙系统，其中 2mm 宽的大裂隙 F4 代表优先水流通道，3 块 1mm 宽的小裂隙组合 F1、F2、F3 代表次一级裂隙系统。4 块单裂隙上部开放的线状窄缝与洼地系统底部直接连通，接受洼地系统的入渗补给，且经过 3 块小裂隙的水流最终汇集到大裂隙 F4 后，于大裂隙底部出水孔连接的管道出口排出。为模拟不光滑裂隙面，单个裂隙玻璃板内部表面粘有粒径为 0.28mm(60 目)的石英砂。F1、F2、F3、F4 的规格大小分别为：35cm×68cm、45cm×68cm、55cm×68cm、65cm×68cm，裂隙材料主要为有机光滑 PVC 板。

3.3.1.2 实验方案

现有基于物理模拟研究岩溶地区溶质迁移规律的室内常用技术方法主要是定量示踪实验，通过水样分析建立示踪剂质量浓度随时间的变化曲线即穿透曲线来反映注入的示踪剂在水流通道中的运移特征（赵小二等，2017）。本研究通过设定同一组示踪实验过程中洼地蓄水量不随示踪历时变化、降雨强度和出口流量保持恒定等基本条件后，对洼地系统内的砂层进行饱水，并分别在砂层上方设置 5L、20L 和 35L 3 组不同的蓄水量来反映洼地内涝的淹没程度（5L 时代表淹没程度较低，20L 时代表淹没程度中等，35L 时代表淹没程度较高）。蓄水水面距离砂层高度分别为 1cm、4cm 和 7cm，约占砂层体积的 20%、80% 和 140%。随后进行稳定流定量示踪实验，离散取样后测定管道出口溶质质量浓度，获取实验数据，绘制穿透曲线；采用对流-弥散模型和脉冲响应模型对溶质实测值穿透曲线进行模拟及验证；探讨洼地蓄水量大小和不同级次裂隙对溶质迁移的影响，对比分析并结合相关研究理论得出结论。

3.3.1.3 实验过程

本研究共进行了 3 组溶质迁移实验，具体实验步骤如下。

(1) 实验选用 NaCl 溶液作为示踪剂，实验前用电子天平称量定量的 NaCl，并配置不同浓度的 NaCl 溶液，测定溶液的电导率值。根据配置的 NaCl 溶液和对应的电导率值绘制关系曲线,曲线成正相关关系($R^2 = 0.9996$),再通过测定溶液的电导率值来反映溶液质量浓度,然后将测出试样的电导率值和关系曲线对比得出对应的浓度值。

(2)实验开始前,关闭裂隙板F4上的管道出口处水阀,打开降雨系统充水水阀,排出裂隙板和水箱内砂层中的空气,并对砂层进行饱水,饱水后使其上方的蓄水量达到5L,随后调节降雨模拟器的补给降雨量和管道出口流量,以保证实验过程中蓄水量恒定不变,对水箱进行定水头补给。

(3)待水箱内水头稳定后,记录水头并测出稳定流量。首先在出口处采集空白对照水样,随后用注射器抽取65mL质量浓度为330g/L的NaCl溶液作为示踪剂瞬时注入降雨模拟器外部的充水管道中。同时启动秒表,实验开始后的采样时间间隔较短,每5s取一次样,随后逐步加长为每5min、10min、15min、30min取一次样(时间间隔视水流条件而定,示踪剂传输时间越短,质量浓度变化速率越快,采样频率也越高),记录取样时间,测量采集水样的电导率值。当采集水样的电导率值与空白对照水样电导率值相近时,停止实验,即完成一次溶质迁移实验。

(4)一次实验完成后,改变砂层上方蓄水量,重复上述实验步骤,进行20L和35L蓄水量下的溶质迁移实验,为确保实验结果可靠性,每组进行3次重复验证实验。

3.3.2 示踪剂浓度历时曲线

在实验过程中,每种蓄水量下的3次重复实验得到的示踪剂浓度历时曲线几乎一致。3种蓄水量下的实测值穿透曲线均为单峰曲线(图3.10),有显著的不对称性,在起峰过程中质量浓度迅速上升,峰后质量浓度衰减速度有较大差异,每条穿透曲线都有拖尾现象;随着蓄水量的增加,拖尾延续时间变长。蓄水量为5L时,显示出更短的示踪剂运移时间,穿透曲线呈陡升陡降、"尖瘦"形及展布较窄的特征。20L和35L蓄水量下的示踪剂的运移时间逐渐变长,穿透曲线展布在峰值过后明显变宽,呈"矮胖"形和宽缓形。示踪剂到达时间和峰现时间随着蓄水量的增加基本保持一致(表3.2),5L蓄水量下穿透曲线的峰值浓度明显比20L和35L蓄水量的高,35L蓄水量的峰值浓度最低。

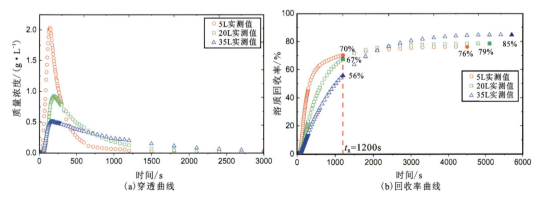

图3.10 不同蓄水量下的溶质迁移穿透曲线及回收率曲线

实验过程中,保持流量不变,通过流量和示踪剂浓度历时曲线计算得到示踪剂的回收质量,回收质量和注入溶质质量的比值为回收率(图 3.10)。本实验中的示踪剂回收率均低于 100%,推测主要原因是裂隙壁、砂层对溶质的吸附或溶质在水箱底部的沉积。结合表 3.2 和图 3.10 可以看出,示踪剂注入 1200s 后,5L 蓄水量下的回收率为 70%,明显高于 20L 和 35L 蓄水量下的回收率。在完整的示踪实验过程中,5L 蓄水量下的最终回收率为 76%,低于 20L 和 35L 蓄水量下的回收率(表 3.2),即溶质最终回收率还受回收时间影响。

表 3.2　不同蓄水量下的实验结果对比

蓄水量/L	峰值质量浓度/$(g \cdot L^{-1})$	峰现时间/s	出口流量/$(mL \cdot s^{-1})$	出口流速/$(m \cdot s^{-1})$	示踪实验历时/s	示踪历时总消耗水量/L	总回收质量/g	1200s 时回收率/%	总回收率/%
5	2.032	145	30.54	0.607	4200	128.27	16.36	70	76
20	0.924	195	30.88	0.614	5100	157.49	16.86	67	79
35	0.506	185	31.39	0.624	5700	178.92	18.18	56	85

3.3.3　裂隙结构对溶质迁移的影响

对于大裂隙中的水流,其流态多呈紊流态,溶质在大裂隙中的迁移以机械弥散作用为主,一维水流的溶质迁移可用纵向对流-弥散过程来刻画(Goldscheider and Drew,2007),根据补给条件和边界条件可解得其定解(Kreft and Zuber,1978)为

$$C(x_s,t) = \frac{M}{A\sqrt{4\pi D_L}} \exp\left[\frac{-(x_s - vt)^2}{4D_L t}\right] \quad (3.4)$$

式中:C 为示踪剂质量浓度;x_s 为纵向距离;t 为溶质迁移历时;M 为溶质重量;A 为横断面积;D_L 为纵向弥散系数;v 为等效流速。

Criss 和 Winston(2003)基于达西定律和布西涅斯克方程联立求解得到一维流动情况下的水文脉冲函数,该函数适用于拟合那些对降水补给事件响应灵敏的水文过程和水文地球化学过程,并且在多个案例研究中都得到了比较理想的效果(Criss and Winston,2008;Winston and Criss,2004;Yang and Endreny,2013)。该模型也适用于瞬时的溶质输入与响应过程模拟,例如示踪剂的迁移过程,在此称为脉冲响应模型,具体方程为

$$C(x_s,t) = C_{\max}\left(\frac{2e\pi}{3t}\right)^{1.5} e^{-\tau/t} \quad (3.5)$$

式中:C 为任意时刻的质量浓度;$C_{\max}$ 为溶质峰值质量浓度;t 为溶质迁移历时;e 为自然常数(欧拉数);τ 为系统的时间常数,其值为 $x^2/4D$(x 为纵向距离,D 为水力扩散系数)。

根据计算参数对实测值穿透曲线进行模拟后,采用纳什效率系数 NSE(Nash-Sutcliffe Efficiency)对模拟结果进行评价,表达式(Predieri et al.,1995)为

$$\text{NSE} = 1 - \frac{\sum_{t=1}^{n}(\hat{C}_t - C_t)^2}{\sum_{t=1}^{n}(C_t - \overline{C})^2} \tag{3.6}$$

式中:NSE 为纳什效率系数;$\hat{C}_t$ 为模拟值(g/L);C_t 为实测值(g/L);$\overline{C}$ 为实测值的均值(g/L);n 为时间序列长度。

纳什效率系数的取值范围为($-\infty$,1],NSE 越接近1,表示模拟质量越好,模型可信度越高;NSE 等于1,表示模型模拟值与实测值完全一致,误差为0;NSE 越接近0,表示模拟结果越接近观测值的平均值水平,即模型总体结果可信,但过程模拟误差大;NSE 远远小于0,则表明模型的模拟结果是不可信的。

3组实验分别用对流-弥散模型和脉冲响应模型拟合后,计算得到的 NSE(表3.3)和模拟的穿透曲线如图3.11所示。从图中可以看出:蓄水量为5L时,对流-弥散模型的 NSE 为0.97,表明对流-弥散模型对溶质迁移过程的拟合程度最高,且对流-弥散模型对溶质的起峰过程拟合效果好,但脉冲响应模型能更好地拟合溶质的衰减过程;蓄水量为20L时,对流-弥散模型和脉冲响应模型对起峰过程的拟合程度相当,而脉冲响应模型能够更好地拟合示踪剂衰减过程,就整体运移过程而言,脉冲响应模型 NSE 为0.96,对20L采用脉冲响应模型拟合效果更好;蓄水量为35L时,对流-弥散模型和脉冲响应模型对起峰过程的拟合程度都较好,而在衰减过程中,虽然两种模型拟合的结果均较差,且 NSE 较 20L 蓄水量时也有所下降,但就整体而言,脉冲响应模型模拟效果比对流-弥散模型好。

表3.3 不同蓄水量下的计算参数对比

蓄水量/L	等效流速 $v/(\text{m}\cdot\text{s}^{-1})$	纵向弥散系数 $D_L/(\text{m}^2\cdot\text{s}^{-1})$	溶质峰值浓度 $C_{max}/(\text{g}\cdot\text{L}^{-1})$	系统时间常数 τ	脉冲响应模型 NSE	对流-弥散模型 NSE
5	0.42	3	2.032	75	0.68	0.97
20	0.28	3	0.924	180	0.96	0.89
35	0.30	4	0.506	240	0.90	0.64

对比分析3种蓄水量下的拟合结果和实测值穿透曲线可知,蓄水量为5L时对流-弥散模型模拟效果最好,该结果表明此时溶质输入最为集中、历时最短,符合瞬时注入的污染物在一维水流中的纵向对流-弥散过程。5L的蓄水量相对较小,其对溶质的稀释程度较低,使溶质历经更短的迁移时间,在此情形下可忽略蓄水量对溶质迁移的影响,将其看作是瞬时注入的污染物在裂隙系统中的对流-弥散过程。而在不同级次裂隙中,大裂隙 F4 的存在为溶质迁移提供了快速通道,使溶质迅速到达管道出口从而快速响应,造成浓度的急骤上升,使穿透曲线呈现出陡升陡降、"尖瘦"形、展布较窄的特征,即溶质迁移更加符合瞬时注入的污染物在一维水流中的纵向对流-弥散过程。同时,由于小裂隙 F1、F2、F3 的水流速度相对于大裂隙 F4 明显减小,其携带的溶质迁移速度也相应减小,溶质弥散作用较弱。较小的迁移

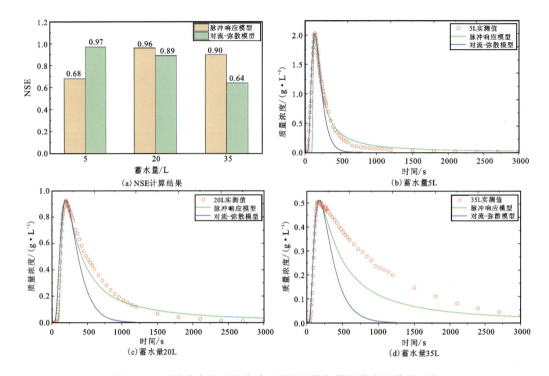

图 3.11 不同蓄水量下的溶质迁移实测值与模拟值穿透曲线比较

速度进一步对溶质迁移产生阻滞,造成了部分溶质的滞留,即小裂隙对溶质的储存作用。此时,小裂隙中的溶质迁移虽受到一定的阻滞,但其最终会被缓慢释放后进入大裂隙中,从而影响了溶质的浓度和迁移时间,为多次溶质迁移脉冲的叠加提供可能,小裂隙对溶质被迫阻滞后的调蓄作用得以体现,最终使穿透曲线呈现出长拖尾的特征。前人也曾证实在不同级次裂隙的物理模型中,溶质总迁移过程为不同级次裂隙迁移过程的叠加(张雪梅,2019)。

示踪剂注入 1200s 后,5L 蓄水量下的溶质回收率快速上升且高于 20L 和 35L 蓄水量下的回收率,即 1200s 前 5L 蓄水量下的溶质释放更快。由此说明大裂隙 F4 对溶质迁移的快速响应起到控制作用,而小裂隙中溶质的暂时储存和缓慢释放对总出口的溶质迁移过程起到调蓄作用。因此,蓄水量为 5L 时的溶质迁移曲线为大裂隙 F4 和小裂隙 F1、F2、F3 迁移曲线的叠加,故利用 5L 蓄水量下的溶质迁移实测值和对流-弥散模型拟合值之差,可近似得出小裂隙 F1、F2、F3 的溶质迁移穿透曲线(图 3.12)。

小裂隙 F1、F2、F3 的穿透曲线更加"矮胖",起峰过程具有一定的延迟效应,拖尾现象更加明显,进一步说明了总出口溶质穿透曲线长拖尾现象形成的原因,即小裂隙 F1、F2、F3 加重了溶质迁移的拖尾效应。通过计算图 3.12 中阴影部分面积与流量的乘积,可近似求出小裂隙迁移的溶质质量 M_1 为 5.58g,占总迁移质量的 34%;大裂隙 F4 迁移的溶质质量为 10.78g,占总迁移质量的 66%。大裂隙 F4 迁移的溶质质量约为小裂隙 F1、F2、F3 迁移的溶质质量之和的 2 倍,即大裂隙 F4 的迁移能力约为小裂隙 F1、F2、F3 迁移能力之和的 2 倍,表明不同级次的裂隙具有不同的迁移能力,大裂隙对溶质迁移起到了主要的控制作用。

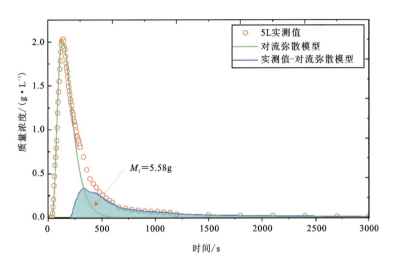

图 3.12　小裂隙 F1、F2、F3 迁移的溶质质量浓度及穿透曲线

3.3.4　洼地蓄水量对溶质运移的影响

随着蓄水量的增加,对流-弥散模型的模拟效果越来越差。在 3 种蓄水量中,20L 蓄水量下的脉冲响应模型 NSE 最接近 1,表明此时示踪剂迁移过程更趋近于脉冲响应过程,明显区别于溶质在 5L 蓄水量时的对流-弥散过程。相反,35L 蓄水量下两种模型的 NSE 较 20L 蓄水量的小,其拟合曲线偏离实测值穿透曲线的程度也越来越大。进一步分析可知,当蓄水量增加至 20L 和 35L 时,由于水箱蓄水量对溶质迁移影响作用的增强,注入水箱内的溶质不断被稀释。另外,不同蓄水量还起到不同浓度的持续注入作用,且持续注入时间随着蓄水量的增加而延长,同时 5cm 砂层还起到一定的混合作用。因此,20L 和 35L 蓄水量下的溶质迁移需考虑水箱蓄水量对注入溶质的延缓稀释作用和砂层混合作用的叠加效应,不能单纯分析裂隙系统的影响而忽略蓄水量及砂层的作用效果,将溶质迁移简单视为瞬时注入的污染物在裂隙系统中的迁移过程,故此时采用脉冲响应模型模拟的质量反而较对流-弥散模型大。

对比 5L 蓄水量下的瞬时注入工况溶质迁移过程,35L 蓄水量的溶质由于受水箱和示踪历时消耗水量的稀释作用,其延缓释放的溶质质量达到 8.99g[图 3.13(a)],占总迁移溶质质量的 49%。由于脉冲响应模型能较好地模拟瞬时注入工况下溶质的衰减过程,利用 35L 蓄水量下的实测值与脉冲响应模型模拟的衰减过程对比,可得到受蓄水量和示踪历时消耗水量稀释作用影响而延缓释放的溶质质量为 6.02g[图 3.13(b)],占总迁移溶质质量的 33%。

结果表明:首先,注入水箱内的溶质在水箱蓄水量延缓稀释的作用下,其峰值浓度逐渐降低,使穿透曲线峰值浓度由 5L 蓄水量时的 2.032g/L 下降为 20L 蓄水量时的 0.924g/L、35L 蓄水量时的 0.506g/L,即蓄水量每增加 15L,穿透曲线峰值浓度平均下降近 1/2。其次,在衰减过程中不同蓄水量下消耗水量随示踪历时逐渐变大,进一步造成水箱内溶质的不

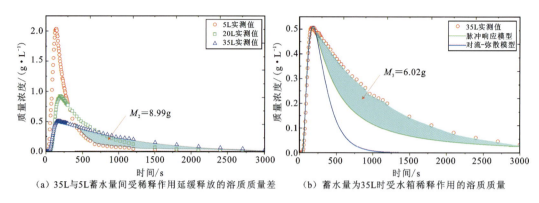

(a) 35L与5L蓄水量间受稀释作用延缓释放的溶质质量差　　(b) 蓄水量为35L时受水箱稀释作用的溶质质量

图 3.13　受蓄水量稀释作用影响的溶质质量浓度随时间的变化曲线

断稀释,同时5cm砂层还起到一定的混合作用,从而延长了溶质输入裂隙系统的时间,使得穿透曲线历时变长,拖尾现象更加明显,即溶质衰减至本底值的示踪实验时间在5L蓄水量工况的基础上分别延长了900s和1500s,延长的时间比例分别达到21%和36%(表3.2)。

综上所述,在降雨强度保持不变、溶质瞬时注入洼地系统,且3组示踪实验下的洼地蓄水量不随示踪历时变化的情况下,内涝蓄水量、示踪历时消耗水量和砂层叠加后的稀释延缓释放作用对溶质迁移穿透曲线的影响十分明显。当蓄水量增加时,稀释作用逐渐成为影响溶质迁移的主要作用,使更多的溶质在水箱内经历漫长的稀释作用后才源源不断地缓慢输入裂隙系统,造成穿透曲线峰值浓度的下降和溶质迁移滞后效应的增强,并最终在穿透曲线的形态上呈现,即20L和35L蓄水量下的穿透曲线更加"矮胖"和宽缓,拖尾现象也更加显著,这种影响会随着洼地内涝蓄水量的增加而逐渐增强。

3.4　管道-裂隙系统中的溶质运移

强烈的岩溶化不仅在地表形成了特殊的岩溶景观,在地表和地下还形成了多层岩溶结构。由于地表岩溶的渗透速度快、过滤和储存能力非常低,岩溶含水层极易受到地表相关污染物的影响(Goeppert and Goldscheider,2019;Lasagna et al.,2013;Lu et al.,2013)。污染物或溶质可以通过地表径流或岩溶洼地、落水洞和天坑等负地形中汇集的坡面流集中地进入岩溶含水层(图3.14)(Guo et al.,2010;Jakada et al.,2019;Vadillo and Ojeda,2022)。

由于集中补给的速度快,这种补给方式对岩溶地下水水质的影响没有得到充分重视,导致地下水遭受污染的风险被普遍低估(Hao et al.,2021;Medici and West,2021)。居民甚至将岩溶洼地和落水洞作为垃圾堆放场,导致未经过滤的污染物进入岩溶含水层,造成灾难性的地下水污染事件(Jakada et al.,2019;Zhou et al.,2018)。此外,极端天气事件进一步导致岩溶地区的洪水事件更加频繁和强烈(Wang and Chen,2021),这使得短期脉冲式污染输

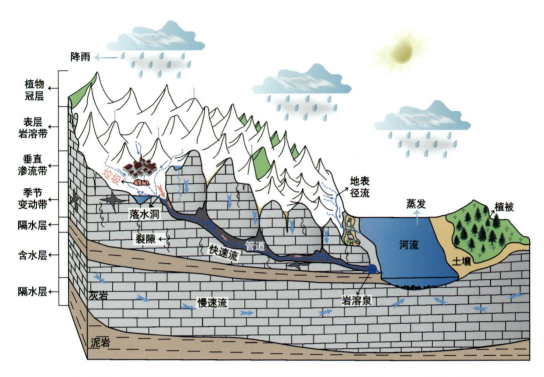

图 3.14 集中补给条件下岩溶地下水的污染特征示意图（据 Zhou et al.，2018，修改）

入造成的突发性污染事件很难预防（Zhang et al.，2020）。因此，集中灌入式补给是污染物快速进入岩溶地下水的主要原因（Hartmann et al.，2021）。

保守性溶质是指在溶质运移过程中不发生化学或生物反应的溶质（Khosronejad et al.，2016），这些溶质可以示踪地下水流或评估保守性污染物的运移特征。定量示踪试验已被广泛用于分析岩溶含水层的水力特性和确定污染物来源（Bailly-Comte and Pistre，2021；Benischke，2021；Goldscheider and Drew，2007；Schiperski et al.，2022）。示踪试验表明，岩溶含水层的非均质性导致了溶质的异常运移（Goeppert et al.，2020；Molinari et al.，2015）。因此，示踪剂运移过程及其产生的穿透曲线形态是复杂多变的，这使得对结果的解释模糊不清，具有多解性。例如，先前的研究大多将观察到的单峰拖尾穿透曲线的产生归因于主管道与沿线溶潭或不动区的相互作用（Dewaide et al.，2016；Goldscheider，2008；Wu et al.，2020；Zhao et al.，2020，2019）；而将单一补给事件产生的双峰拖尾穿透曲线解释为地下湖、多管道结构或含水介质类型差异，并通过实验室实验和数值模拟进行了验证（Cen et al.，2021；Chu et al.，2021；Dewaide et al.，2018；Field and Leij，2012；Perrin and Luetscher，2008；Tinet et al.，2019；Wang et al.，2020）。

然而，还有一种可能，即管道与裂隙网络之间水力梯度的逆转过程也可能产生溶质的异常运移（Faulkner et al.，2009；Goeppert et al.，2020；Zhang et al.，2020），但由于现场条件复杂，影响因素众多，这一过程尚未得到验证（Richter et al.，2022；Sivelle and Labat，2019）。

那么，在集中补给条件下，地下水储存和释放过程如何影响溶质的运移？岩溶泉出口处的穿透曲线形态又会是怎样的？这些都是值得探索的关键问题。

因此，很有必要研究岩溶地下水中溶质在集中补给条件下的运移行为，以便更好地了解溶质的运移、储存和释放过程。实验室尺度的物理模型可以更好地了解地下水流动和控制变量条件下的溶质运移。本节采用了实验室尺度的物理模型研究集中补给的高、低流量条件下管道-裂隙系统中的溶质运移，评估了集中补给的高流量和低流量条件下溶质在实验室尺度下的储存和释放机制。

现有的溶质运移模型不能同时捕捉移动域的非均质性和复杂介质溶质运移实验中观察到的以拖尾为特征的双峰穿透曲线。例如，对流-弥散方程模型（ADE）被用于岩溶水系统中的溶质运移模拟已有 50 年（Li et al.，2020），然而 ADE 模型无法描述双峰穿透曲线的特征，也不适合表示捕捉溶潭或涡流等不流动区域与管道之间的质量交换过程。最近，Goeppert 等（2020）应用连续时间随机游走理论（CTRW）来解释岩溶水系统中发现的长拖尾穿透行为。为了综合考虑辅助管道在产生多峰穿透曲线中的作用，Field 和 Leij（2012）提出了一个能有效再现多峰穿透曲线的双对流弥散方程模型（DADE），但该模型不能将两个交换对流-弥散区与储存区结合起来。Wang 等（2020）评估了 DADE 模型在双管道结构中重现单峰和双峰穿透曲线的能力，发现该模型未能重现某些较慢峰值的偏斜性。为了表征溶质的运移过程，本节还应用了一个双重非均质域模型，该模型可以捕获非均质移动域中以双峰长拖尾为特征的穿透曲线。实验室尺度高分辨率的示踪试验和模拟结果的可靠性使我们能够对岩溶水系统中地下水储存和释放过程中的溶质运移过程提供新的见解。

3.4.1 物理模型构建及实验方法

3.4.1.1 野外尺度的溶质运移概念模型

在高度岩溶化的区域，地表水和地下水总是通过落水洞和岩溶管道连接。在以管道和裂隙为主的岩溶含水层中，管道位于隔水层之上的层状岩溶含水层，这在中国南方很常见（图 3.14，图 3.15）。暴雨过后，岩溶泉会出现快速的水文过程响应，导致地下河或岩溶管道的水位迅速上升。当岩溶网络完全饱和或超过其排水能力时，坡面径流在落水洞处汇集，导致岩溶内涝的发生（Gil - Márquez et al.，2019；Luo et al.，2016c；Naughton et al.，2018）。在这种情况下，地下水携带的溶质通过岩溶管道快速运移，在水力梯度的作用下与裂隙进行频繁而快速的交换（Binet et al.，2017；Shu et al.，2020；Zhao et al.，2020）。

如图 3.15 所示，在短时暴雨期间，管道通过落水洞快速补给。鉴于管道的排水能力有限，水位迅速上升，达到高于裂隙的水位，这将促使管道中的溶质流入周围的裂隙中储存。当降雨停止后，由于补给衰退，水力梯度反转，管道的水头减弱，从而调动储存在裂隙中的地下水，将裂隙中储存的溶质释放回管道（Chang et al.，2021；Faulkner et al.，2009；Kalantari and Rouhi，2019；Li et al.，2008；Shirafkan et al.，2021）。

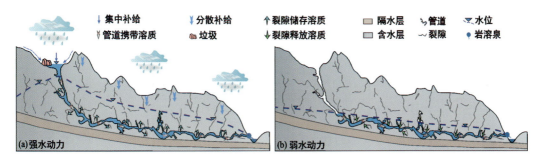

(a) 管道中的水位高于裂隙中的水位时,管道水携带的溶质进入周围裂隙储存;(b) 管道中的水位低于裂隙中的水位时,裂隙水中的溶质缓慢释放回管道。

图 3.15　集中补给条件下岩溶管道-裂隙系统中的溶质运移路径示意图(据 Gil-Márquez et al.,2019 修改)

3.4.1.2　实验室尺度物理模型构建

本节提出的概念模型代表的是由管道和裂隙组成的岩溶含水层,这种特殊的水文地质结构使得暴雨后通过落水洞注入的溶质的运移路径可以归纳为两类:①溶质直接从落水洞进入管道,随后沿着管道运输到岩溶泉出口,而不与周围的裂隙交换;②溶质在高流量条件下储存在裂隙中,在低流量条件下释放回管道。

根据总结的概念模型,本节构建了一个二维的实验装置(图 3.16)。该实验装置由 3 个模块组成:集中补给和示踪剂注入系统、管道-裂隙系统、数据监测和采集系统。

集中补给单元由一个立方体水箱(长 36cm ×宽 45cm ×高 45cm)和水箱底部连接的垂直圆管组成,以模拟洼地集水区和落水洞。垂直圆管与示踪剂注入装置相连,通过阀门 1 和阀门 2 调节集中补给和示踪剂的注入流量。用一个长方形有机玻璃箱为管道-裂隙系统制造一个长 100cm ×宽 15cm ×高 40cm 的填充槽。长度为 100cm、内径为 4cm 的圆管水平放置在有机玻璃箱的底部以模拟岩溶管道。在水平圆管一半以上的位置开有 840 个(8 排×105 个)内径为 3mm、孔中心间距为 9mm 的花孔,以便在管道和裂隙之间提供水力交换通道。

为模拟一个位于隔水层之上的岩溶管道-裂隙系统,在管道上方有规则地堆放了一定数量的砖块模拟裂隙,砖块占据了填充槽除管道以外的剩余空间。砖块之间的缝隙宽度为 3~6mm,砖块的表面较为粗糙,包含大量的孔隙。裂隙和孔隙的空隙体积约占填充槽总体积的 25%。另外,作为对比,还模拟了一种空隙率为 8% 的管道-裂隙系统。在填充槽底部和背部不同的位置放置有 40 个压力计。压力计用于测量特定点的水头压力,而流量计可以监测输入管道-裂隙系统的补给流量。

3.4.1.3　试验过程

NaCl 被用作保守的溶质进行示踪试验。在实验开始前,首先在供水水箱中添加一定体积的自来水(分别为 9.0L、11.0L、13.0L、19.5L、26.0L 和 32.5L),示踪剂注入装置每次则添加等体积(0.25L)等质量浓度(60g/L)的 NaCl 溶液。对于每组示踪试验,通过打开阀门 1

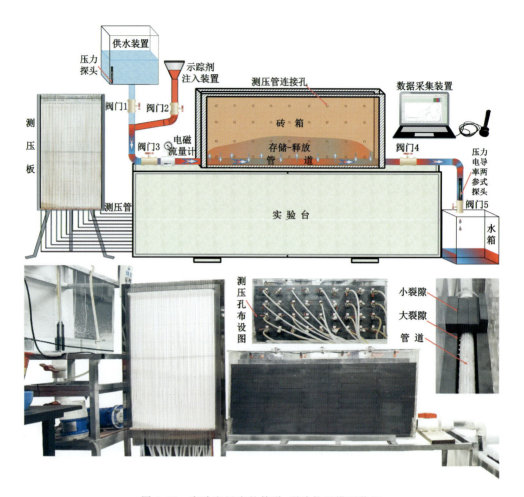

图 3.16 实验室尺度的管道-裂隙物理模型装置

进行集中补给;再打开阀门 2,并确保在 50s 内完成体积为 0.25L NaCl 溶液的注入,平均注入速度 0.1m/s。

每组示踪试验的总持续时间为 780~1730s。示踪剂在每组示踪试验开始后的 50s 内注入,因此与更长的持续时间相比,示踪剂的注入被认为是瞬时输入。当供水水箱中的水全部排空后,需继续向水箱中加入额外的水以作为基流,使得整个实验过程中管道始终保持满管状态。示踪剂的浓度由放置在出口处的电导率仪器(LTC M10 Solinst, Canada)间接测量,其分辨率为 $\pm 0.1 \mu S/cm$,记录间隔为 5s 一次。NaCl 的浓度通过电导率值使用线性方程进行转换。实验用自来水的电导率值为 $300 \mu S/cm$,在校准过程中扣除了该值。

在空隙率为 8% 和 25% 的两种裂隙系统中,分别开展了集中补给量大小对管道-裂隙间溶质储存-释放过程的影响研究。为了验证实验结果,每组示踪试验重复 3 次,以达到误差分析优于 5%,随后分别选择不同空隙率获得的一组典型的穿透曲线进行分析。

3.4.1.4 溶质运移模拟方法

A. 双区对流弥散模型（Dual Region Advection Dispersion, DRAD）

为揭示管道-裂隙系统中溶质的储存-释放机制，并定量刻画该机制下产生的穿透曲线过程，针对空隙率为8%的裂隙系统，运用双区对流弥散模型对实测穿透曲线进行模拟。该模型基于两个区域平行流动的假设，并因质量浓度差异而进行质量交换，不考虑溶质的降解或吸附解吸作用（Field and Leij, 2012; Majdalani et al., 2018; Wang et al., 2020）。具体控制方程为

$$\frac{\partial C_1}{\partial t} + v_1 \frac{\partial C_1}{\partial x} - D_1 \frac{\partial^2 C_1}{\partial x^2} = \frac{\alpha}{\varphi_1}(C_2 - C_1) \tag{3.7a}$$

$$\frac{\partial C_2}{\partial t} + v_2 \frac{\partial C_2}{\partial x} - D_2 \frac{\partial^2 C_2}{\partial x^2} = \frac{\alpha}{\varphi_2}(C_1 - C_2) \tag{3.7b}$$

式中：C_i 为区域1和区域2中的溶质质量浓度，$i=1,2$；t 和 x 分别为时间和空间坐标；v_i、D_i 和 φ_i（$i=1,2$）分别为对应区域中的平均流速、对流弥散系数和空间体积分数；α 为区域1和区域2之间的溶质交换系数。

本实验只考虑两区域系统，分别为快速域（域1）和慢速域（域2），即 $v_1 > v_2$，$\varphi_1 + \varphi_2 = 1$。采用粒子追踪随机游走方法对 DRAD 模型进行求解，并计算溶质运移过程中的质量通量（Yin et al., 2020）。

$$C_f(x,\tau) = \frac{\sum_{p \in N_{\text{total}}} \int_{t_1}^{t_2} \delta[x - X_p(t)] \mathrm{d}t}{N_{\text{total}}} \tag{3.8}$$

式中：$C_f(x,\tau)$ 为 t_1 至 t_2 时间内的平均通量浓度；δ 为狄拉克 delta 函数；$X_p(t)$ 为粒子 p 在 t 时刻的位置；N_{total} 为域中的粒子总数。

B. 双重非均质域模型（Dual Heterogeneous Domain Model, DHDM）

在集中补给事件后，溶质在岩溶含水层中的迁移现象十分复杂。岩溶含水层中的溶质运移过程通常有两种不同的流动路径，一部分溶质以较高的流速直接通过主管道运移，并未与周围的裂隙进行交换；而另一部分溶质则在早期储存在裂隙中，然后在后期由于水力梯度的变化而释放。此外，溶质滞留也可能是一个因素，因为在天然岩溶含水层中，不动区可以由不相连的裂隙、多孔介质或与管道相邻的其他滞水区（如溶潭）组成。在室内实验中，表面粗糙的砖块存在大量的孔隙，这些孔隙可以模拟岩溶含水层中复杂的裂隙网络，一些断头或不连通的裂隙，在溶质运移过程中可以视为不动区（图3.17）。

为捕捉这一复杂溶质运移过程，本研究对最初由 Yin 等（2020）提出的双重非均质域模型（DHDM）进行了改进。具体控制方程为

$$\frac{\partial C_1}{\partial t} + \beta_1 \frac{\partial^{\gamma_1} C_1}{\partial t^{\gamma_1}} = L_1(x)C_1 + \frac{k}{\varphi_1}(C_2 - C_1) \tag{3.9a}$$

$$\frac{\partial C_2}{\partial t} + \beta_2 \frac{\partial^{\gamma_2} C_2}{\partial t^{\gamma_2}} = L_2(x)C_2 + \frac{k}{\varphi_2}(C_1 - C_2) \tag{3.9b}$$

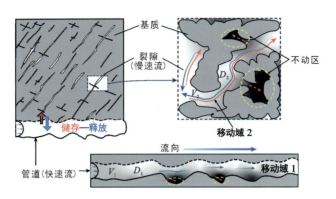

图 3.17　DHDM 模型示意图

式中：C_i 为第 i 域中的溶质质量浓度，$i=1,2$；t 和 x 分别为时间和空间坐标；φ_i 是第 i 域的体积分数（无量纲）；$L_i(x)=-v_i\dfrac{\partial}{\partial x}+D_i\dfrac{\partial^2}{\partial x^2}$ 为拉普拉斯算子；v_i 是第 i 域的有效速度（m/s）（v_i 为地下水的平均流速，等于达西速度除以有效孔隙度）；D_i 为第 i 域中的对流弥散系数（m²/s）；k 为一阶传质系数；β_i 是第 i 域的容量分配系数；γ_i 是时间指数（无量纲），代表第 i 域中溶质运移的时间非定位程度。

地下水储存-释放所引起的异常溶质运移是相当复杂的，具有高度的非均质性，很难实现完全模拟。在示踪试验中，集中补给和溶质注入后，溶质颗粒可能沿着两条不同的路径进行运移。此外，在溶质沿两条路径运移的过程中，可能存在不动区，并导致溶质滞留。如式（3.9）所示，DHDM 将含水层概化为两个具有不同速度和水动力弥散系数的移动域，以捕捉双路径系统中的溶质运移。

式（3.9）中的时间分数导数使 DHDM 有能力模拟由不动区引起的溶质滞留。为了简单和适用，恒定的流速和弥散系数被用作 DHDM 的有效参数。显式拉格朗日方案可用于求解式（3.9）（Yin et al.，2020）。与示踪试验一致，在上游和下游边界使用自由通量条件。在开始时使用溶质的瞬时释放来模拟示踪剂的注入，出口处的质量通量密度由以下方式进行计算：

$$C_f(x,\tau)=\dfrac{\sum\limits_{p\in N_{\text{total}}}\int_{t_1}^{t_2}\delta[x-X_p(t)]\mathrm{d}t}{N_{\text{total}}} \tag{3.10}$$

式中：$C_f(x,\tau)$ 为 t_1 至 t_2 时间内的质量通量密度；δ 为狄拉克 delta 函数；$X_p(t)$ 为粒子 p 在 t 时刻的位置；N_{total} 为域中的粒子总数。

3.4.1.5　模拟结果评价

选择纳什效率系数（NSE）（Nash and Sutcliffe，1970）、均方根误差（Root Mean Square Error，RMSE）和相关系数（Coefficient of Correlation，CC）对模型的模拟结果进行评价。它们的表达式分别为

$$\mathrm{NSE} = 1 - \frac{\sum_{i=1}^{n}(y_{o,i} - y_{s,i})^2}{\sum_{i=1}^{n}(y_{o,i} - \overline{y})^2} \tag{3.11}$$

$$\mathrm{RMSE} = \sqrt{\frac{1}{n}\sum_{i=1}^{n}(y_{o,i} - y_{s,i})^2} \tag{3.12}$$

$$\mathrm{CC} = \frac{\sum_{i=1}^{n}(y_{s,i} - \overline{y_s})(y_{o,i} - \overline{y_o})}{\sqrt{\sum_{i=1}^{n}(y_{s,i} - \overline{y_s})^2 \sum_{i=1}^{n}(y_{o,i} - \overline{y_o})^2}} \tag{3.13}$$

式中：$y_{o,i}$ 和 $y_{s,i}$ 分别为 t_i 时刻的观测和模拟质量通量；$\overline{y_o}$ 和 $\overline{y_s}$ 分别为平均观测质量通量和平均模拟质量通量。NSE 的最佳得分是 1；如果 NSE≥0.5，认为模拟是可接受的；如果 NSE≥0.65，认为模型结果是较好的；如果 NSE≥0.75，认为模型的性能是最佳的(Morales et al.，2007)。当模拟值很好地捕捉到观测值时，RMSE 和 CC 的最佳数值分别接近 0 和 1。

3.4.2 裂隙储水与释水过程

3.4.2.1 空隙率为 8% 的裂隙系统

在每组实验中，均可观测到管道和裂隙中的水位变化及总出口的流量变化过程，根据水位和流量变化的时间转折点，可定量划分出裂隙储水和释水的时间段。根据流量衰退时间(t_1)、集中补给结束时间(t_2)和裂隙释水结束时间(t_3)将 4 组实验的水文过程划分为存储、释放和基流 3 个阶段(图 3.18)。

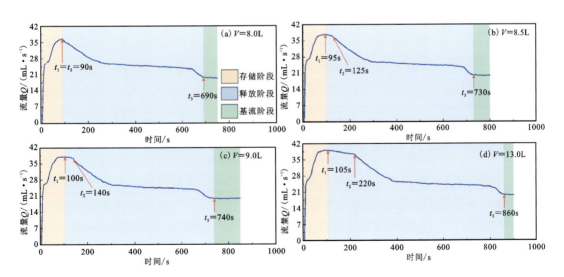

图 3.18 总出口流量过程曲线

(1) 在水量存储阶段,管道快速充水,水流在管道水压力的作用下进入裂隙中存储。集中补给量由 8.0L 增加至 13.0L,水动力条件增强,出口最大流量由 36.58mL/s 增至 39.13mL/s,水量在保证管口出流的同时,还能继续在水头差的作用下往裂隙中存储,使裂隙存储时间(t_1)延长,使更多的管道水进入裂隙中存储。

(2) 在集中补给结束后,管道水压力快速下降,致使裂隙水压力大于管道水压力,随即管道周围的大裂隙快速释水,造成流量的快速衰退。待大裂隙释水结束,转化为小裂隙缓慢释水,直至释水结束。此阶段裂隙释水为管口出流的主要来源,由此在 $t_2 \sim t_3$ 时段内呈现出先快后慢的流量衰减曲线。

(3) 随着集中补给量的增加,释水结束时间(t_3)由 690s 增加至 860s,释水流量和释水时间均增加。随着裂隙中的水流逐渐排出,出口流量逐渐减少至基流状态。

水量计算结果表明,裂隙储存-释放的水量(V_f)和仅在管道中运移的水量(V_c)均随集中补给量的增加而增加(表 3.4),具有显著的正相关关系(图 3.19),表明水动力条件的增强促使仅在管道中运移水量和裂隙储存-释放水量的同步增长,但两者增长率不同,裂隙储存-释放的水量增长相对较缓。此外,两者占总补给量的比例基本稳定,裂隙储存-释放的水量平均约占总补给量的 23%,而仅在管道中运移的水量约占总补给量的 77%,水流在管道中的运输占主导。

表 3.4 空隙率为 8%的裂隙系统定量示踪试验结果

集中补给量/L	出口最大流量/(mL·s^{-1})	出口平均流量/(mL·s^{-1})	出口平均流速/(m·s^{-1})	裂隙储存-释放水量/V_f/L	管道直接运移水量/V_c/L	V_f 占集中补给水量百分比/%	V_c 占集中补给水量百分比/%
8.0	36.58	26.66	1.27	1.72	6.28	21.50	78.50
8.5	37.76	26.87	1.28	1.98	6.52	23.29	76.71
9.0	38.02	27.45	1.31	2.31	6.69	25.67	74.33
13.0	39.13	29.42	1.40	2.97	10.03	22.85	77.15
平均值	37.87	27.60	1.31	2.25	7.38	23.33	76.67

3.4.2.2 空隙率为 25%的裂隙系统

出口处的水文过程曲线是对单一补给事件的综合反映,通过分析水文过程曲线和相关示踪试验示踪剂穿透曲线,可以定量解释地下水流动和溶质运移过程。所有试验的平均雷诺数($\overline{Re}$)均大于 2000,表明为紊流流态。紊流经常发生在天然岩溶含水层中(Worthington and Soley,2017)。实验过程中,观察到供水水箱和管道的水头变化以及出口流量变化过程如图 3.20 所示。水文过程曲线说明水动力条件对溶质储存-释放过程的影响显著。根据出口流量变化过程曲线,可明确划分水流从管道进入裂隙储存以及后期再释放到管道的时间节点。如图 3.21 所示,不同集中补给量下的出口流量过程曲线形态相似,可划分为 3 个阶段。

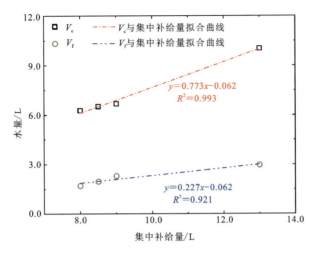

图 3.19 两种径流途径中的水量与集中补给量的关系曲线

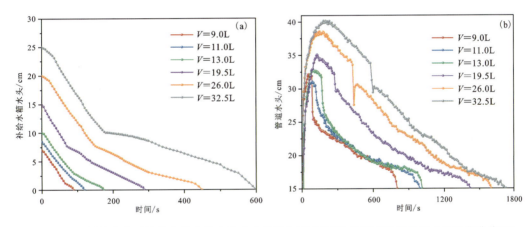

图 3.20 不同补给量下补给水箱中的水头变化曲线(a)和不同补给量下管道内的水头变化曲线(b)

第一阶段为储水阶段。随着集中补给的释放,出口流量稳步增加,大量集中补给的水流在管道中迅速形成有压流。管道中水头较高的部分水流向水头较低的裂隙中转移并暂态储存,而剩下的水流则通过管道直接排泄。例如,当集中补给量从 9.0L 变化到 32.5L 时,裂隙中的水位(H_L)从 8.6cm 增加到 29.2cm。同时,管道和裂隙中的水头压力被叠加并传递到出口,促使流量在出口处形成峰值。因此,水动力条件的增加,明显导致第一阶段的储存时间和出口流量增加。例如,裂隙储水时间 t_1 从 75s 增加至 185s,峰值流量 Q_{peak} 从 31.2mL/s 增加至 36.5mL/s(图 3.21,表 3.5)。

第二阶段集中补给量随示踪历时自然衰减,导致管道内的水动力进一步减弱(图 3.21)。在此期间,水力梯度反转,裂隙中的水力梯度大于管道。随后,出口流量达到峰值后缓慢下降。此时集中补给尚未结束,出口排泄的水主要消耗集中补给的水。当集中补给量较小(例如 9.0L)时,管道内的水头压力不足以维持裂隙进行更大体积的储水,导致进入裂隙的水和

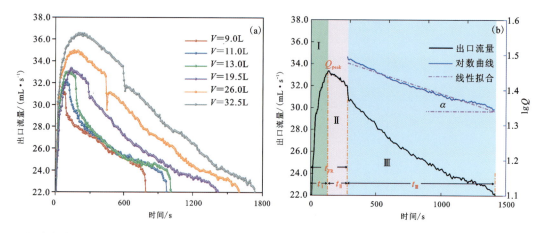

注:直线(粉红色)的斜率为衰退系数 α。Ⅰ:裂隙储水阶段;Ⅱ:由于集中补给量增加而延长的补给持续时间;Ⅲ:裂隙释水阶段。

图 3.21　不同集中补给量下的出口流量变化曲线(a)和集中补给量为 19.5L 的出口流量曲线(黑线)及衰退曲线(b)

溶质较少(如:裂隙中储存的水量 V_s 仅为 2.8L),管道中的水头持续时间更短(如:集中补给的总时间 $t_{FR}=85s$),故溶质在裂隙中的滞留时间也相对较短(如: $t_Ⅱ=10s$)(表 3.5,表 3.6)。

表 3.5　空隙率为 25% 的裂隙系统中 6 组示踪试验的特征参数

集中补给量/L	C_{peak1}/ g·L^{-1}	C_{peak2}/ g·L^{-1}	t_{peak1}/ s	t_{peak2}/ s	Q_{peak}/ mL·s^{-1}	$t_Ⅰ$/ s	$t_Ⅱ$/ s	t_{FR}/ s	$t_Ⅲ$/ s	T/ s	H/ cm	R/ %
9.0	2.23	—	115	—	31.2	75	10	85	695	780	8.6	95
11.0	2.38	0.78	100	240	32.1	90	25	115	855	970	9.7	91
13.0	2.30	0.78	95	320	33.0	100	60	170	830	1000	11.5	86
19.5	1.93	0.56	95	560	33.4	130	150	280	1130	1410	16.2	83
26.0	2.18	0.59	85	810	35.0	150	290	440	1150	1590	23.0	82
32.5	2.12	0.46	90	1020	36.5	185	405	590	1140	1730	29.2	80

注: C_{peak1} 为第一个峰值浓度; C_{peak2} 为第二个峰值浓度; t_{peak1} 和 t_{peak2} 为分别对应第一和第二个峰值浓度的时间; Q_{peak} 为峰值流量; $t_Ⅰ$ 为裂隙储水时间; $t_Ⅱ$ 为管道水头较为稳定的持续时间; t_{FR} 为集中补给持续时间; $t_Ⅲ$ 为裂隙释水总时间; T 为示踪试验总持续时间; H 为裂隙中的最高水位; R 为溶质总回收率。

与其他情况相比,集中补给量为 9.0L 时管道中的溶质运移速率相对较慢,于是储存-释放路径和管道直接运移路径释放的溶质发生混合,导致峰值叠加,形成单峰长拖尾曲线。然而,当集中补给量较大时,进入裂隙储存的水量增加,管道中的水头在强水动力条件下得以维持,使得溶质在裂隙中滞留更长的时间后再进行释放(如:$t_Ⅱ$从25s增加到405s),由此延长了溶质到达出口的时间。最终,随着第二个峰值的滞后到来,由于同时受到机械弥散和溶质稀释作用的影响,两个峰值逐渐分离,C_{peak2}趋于减小。

表3.6 6组试验的水力参数和水量计算结果

集中补给量/L	$\overline{v}$/m·s^{-1}	$\overline{Re}$ (-)	α/s^{-1}	V_s/L	V_r/L	V_c/L	V_L/L	V_r:FRV/%	V_c:FRV/%	V_L:FRV/%
9.0	1.25	2198	1.176×10^{-4}	2.8	2.5	6.3	0.3	27	69	3
11.0	1.25	2196	1.182×10^{-4}	3.3	2.9	7.7	0.4	27	70	3
13.0	1.26	2216	1.079×10^{-4}	4.0	3.6	9.0	0.4	28	69	3
19.5	1.27	2230	1.211×10^{-4}	5.7	5.1	13.8	0.6	26	71	3
26.0	1.34	2347	1.283×10^{-4}	8.1	7.3	17.9	0.8	28	69	3
32.5	1.40	2457	1.379×10^{-4}	10.2	9.3	22.3	0.9	29	68	3

注:$\overline{v}$为平均流速;$\overline{Re}$为平均雷诺数;α为流量衰退系数;V_s为裂隙储存水量;V_r为裂隙释放水量;V_c为仅通过管道传输的水量;V_L为损失的水量;FRV=V_s+V_c;V_L=V_s-V_r。

在第三阶段,集中补给结束后,先前储存在裂隙中的水得以释放,并再次进入管道中。此时,出口排泄仅消耗系统中最初的裂隙储水。随着储存的水逐渐从裂隙中释放,出口流量逐渐减小直至恢复为基流状态。

对数Q-t流量衰减曲线可以说明衰减过程的分段特征并计算衰减系数,当泉水流量随时间呈指数下降时,对数Q-t流量衰减曲线呈现为直线(Amit et al.,2002;Tang et al.,2016)。计算结果表明,出口流量的衰减过程遵循指数衰退规律,衰减系数在1.079×10^{-4}~1.379×10^{-4}之间,数值相对稳定。随着集中补给量的增加,出口流量的衰退时间($t_Ⅲ$)从695s增加到1140s(表3.5)。

根据水均衡原理,随着集中补给量的增加,裂隙释放的水量(V_r)和仅通过管道传输的水量分别从2.5L上升到9.3L、从6.3L上升到22.3L(表3.5),且V_s、V_r和V_c显示出明显的线性正相关关系[图3.22(a)]。然而,一个有趣的现象是,两者占集中补给量的比例基本稳定,即裂隙中释放的水量平均占集中补给量的27%左右(V_r:FRV),而由管道直接传输的水量占集中补给量的70%(V_c:FRV)[图3.22(b)],表明管道直接传输占主导。这与岩溶水系统的性质相符,即管道是地下水传输的主要路径。此外,裂隙中的水位降低时,混凝土砖块和有机玻璃填充槽的界面处存在毛细作用,导致试验过程中约3%(V_L:FRV)的水量损失[图3.22(b)]。

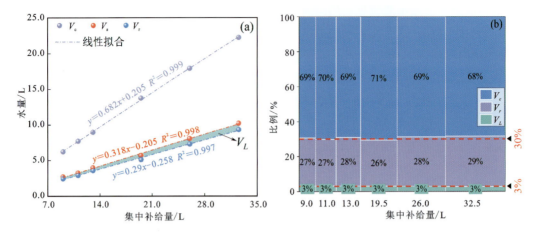

图 3.22 不同集中补给量下通过不同路径传输的水量(a)和通过不同路径传输的水量与集中补给量的比例(b)

3.4.3 溶质运移穿透曲线变化

3.4.3.1 空隙率为8%的裂隙系统

随着集中补给量的变化,实验获得了3种穿透曲线类型:单峰曲线、单峰-双峰过渡型曲线、双峰曲线(图3.23)。3种穿透曲线类型的主峰曲线形态均为"尖瘦"型,示踪剂浓度在到达主峰峰值后迅速衰退,并在衰退过程中表现出明显差异。集中补给量为8.0L的穿透曲线在衰退过程中仅出现拖尾,8.5L的穿透曲线出现了局部次峰叠加拖尾,9.0L和13.0L的穿透曲线出现了完整的次峰再叠加拖尾的现象。随着集中补给量的增加,主峰曲线形态的对称性增强,峰值浓度逐渐降低,且次峰峰值出现时间逐渐滞后。

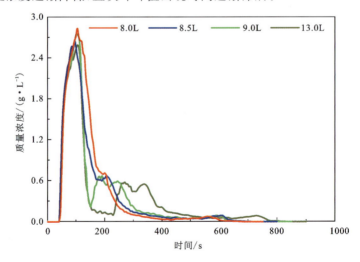

图 3.23 空隙率为8%的裂隙系统中不同集中补给量下的示踪剂穿透曲线

对于仅在管道中运移的溶质,管道流的流速大、运移距离短,导致溶质滞留时间短、峰值浓度高,因而主峰曲线形态均为"尖瘦"型。对于裂隙储存-释放途径中的溶质,它增加了从管道进入裂隙、再从裂隙释放到管道的过程,因此它的运移途径和滞留时间增长。由于不同水动力条件下能进入裂隙中的水量和溶质均是有限的,且裂隙释水速度较慢,因此次峰峰值浓度较低,穿透曲线形态为"矮胖"型。

集中补给量的大小决定了水动力条件的强弱,影响着溶质储存-释放过程,决定了总穿透曲线的形态。当集中补给量较小时(8.0~8.5L),水动力条件较弱,此时两条运移途径的溶质滞留时间差较小,仅在管道中运移的溶质在集中补给结束时未能全部通过总出口完成释放,与裂隙释放的部分溶质产生叠加与混合,从而产生了单峰或局部次峰叠加拖尾的穿透曲线类型。当集中补给量较大时(9.0L以上),水动力条件增强,使两条运移途径的溶质滞留时间差增大,仅在管道中运移的溶质在集中补给结束前已通过总出口完成释放;待集中补给结束后,裂隙中的溶质才能释放,由此裂隙中的溶质释放过程向后推移,造成总穿透曲线的主峰与次峰完全分离。大裂隙和小裂隙释放溶质的速度差异又造成次峰局部波动以及拖尾现象的出现,引发了总穿透曲线呈现双峰并伴有拖尾的现象,前人也曾证实不同流速通道中溶质的运移及二次释放会引起双峰和拖尾现象(Massei et al.,2006)。

3.4.3.2 空隙率为25%的裂隙系统

当集中补给量为11.0L时,穿透曲线表现出单峰向双峰的过渡形态;当集中补给量大于11.0L时,对应的示踪剂穿透曲线均为双峰曲线。对比4条双峰曲线得出,随着集中补给量的增加,第一峰值曲线显示出更强的对称性,第二峰值曲线逐渐变得"矮胖"并滞后出现,两个峰变得越来越分离(图3.24)。

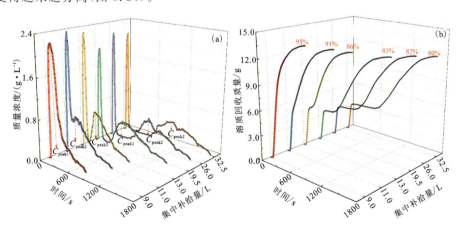

图3.24 不同集中补给量下的溶质运移穿透曲线(a)和不同集中补给条件下的回收质量累积曲线(b)

总体来说,随着集中补给量的增加,穿透曲线形态由单峰曲线逐渐演变成完整的双峰曲线;第一峰值浓度和第二峰值浓度呈下降趋势。与第一峰值曲线相比,第二峰值曲线的形状更加扁平,所有穿透曲线都呈现出明显的拖尾现象。溶质回收率在80%~95%之间,表明有部分溶质损失(图3.24,表3.5)。

3.4.4 溶质储存-释放机制及过程模拟

3.4.4.1 空隙率为8%的裂隙系统

在本实验条件下,溶质经历了仅在管道中运移和裂隙储存-释放两条运移途径,可分别将其刻画为快速区域和慢速区域的溶质运移过程。本节采用DRAD模型进行溶质运移过程的定量模拟。模拟结果显示,DRAD模型能够较好地拟合实测穿透曲线(图3.25,表3.7),拟合效果的相关系数CC达到0.9以上,RMSE则接近0,有效地表征了该试验条件下溶质运移穿透曲线的变化特征。

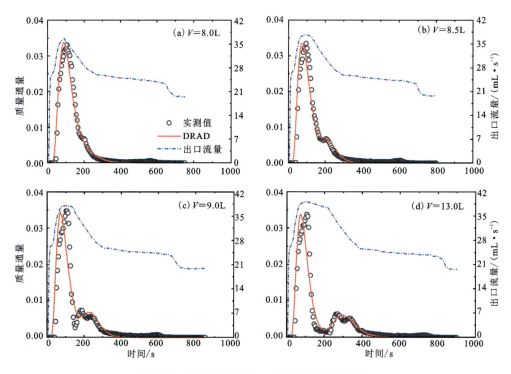

图3.25 实测穿透曲线与DRAD模型模拟结果

表3.7 DRAD模型模拟的最佳拟合参数及拟合结果评价

集中补给量/L	v_1/(m·s^{-1})	v_2/(m·s^{-1})	D_1/(m^2·s^{-1})	D_2/(m^2·s^{-1})	φ_1 (—)	φ_2 (—)	α (—)	RMSE (—)	CC (—)
8.0	1.00	0.45	5.20	0.60	0.95	0.05	0.0	0.002	0.98
8.5	1.04	0.44	5.20	0.40	0.85	0.15	0.0	0.002	0.97
9.0	1.10	0.41	5.20	0.38	0.80	0.20	0.0	0.003	0.92
13.0	1.10	0.32	4.50	0.30	0.75	0.25	0.0	0.003	0.94

当集中补给量从8.0L增加到13.0L时,DRAD模型模拟的管道平均流速(v_1)由1.0m/

s 逐渐增加至 1.1m/s，与实测总出口平均流速的变化趋势(1.27～1.40m/s)相吻合；裂隙平均流速(v_2)由 0.45m/s 逐渐减小至 0.32m/s，模拟的管道和裂隙平均流速之间的差异逐渐增大(表 3.7)，且穿透曲线上两个浓度峰值逐渐分离。

当溶质在两个区域中的传输均由对流主导时，速度之间较大的差异将会进一步分离两个浓度峰值。随着集中补给量的增加，管道中的水流压力增大且持续时间变长，导致裂隙中的溶质可以在裂隙中滞留更长的时间，使得裂隙释放溶质的时间向后推移，且平均释放速度减小，由此造成次峰峰值出现得越来越延迟，最终导致穿透曲线由单峰形态向双峰形态转变，且双峰形态变得更加明显。利用 DRAD 模型刻画两区域系统得出的模拟结果，验证了前文水动力条件变化分析得出的管道与裂隙介质间溶质的储存-释放机制。

由于管道具有更大的流速，管道中的水动力弥散系数明显大于裂隙，D_1 约为 D_2 的 10 倍。管道的空间体积分数(φ_1)随集中补给量增大而减小(表 3.7)，即管道中直接运移的溶质所占的比例逐渐降低，主要是因为水动力条件增强导致更多的溶质在初期被储存到裂隙中。模拟过程中还发现，只有当溶质交换系数(α)接近或等于 0 时，才能取得较好的拟合效果，表明管道和裂隙之间的质量交换作用极其微弱，因此将溶质在裂隙中储存-释放的途径刻画为一条相对独立的慢速区域运移途径是相对可行的。

3.4.4.2 空隙率为 25% 的裂隙系统

DHDM 模型被用以定量模拟空隙率为 25% 的裂隙系统的示踪剂穿透曲线，从而刻画储存-释放过程产生的溶质运移。模拟结果表明，DHDM 模型较好地捕获了穿透曲线的拖尾、偏斜和双峰特征(图 3.26)，通过计算得出的较高 NSE 值和较低 RMSE 值可以证实。

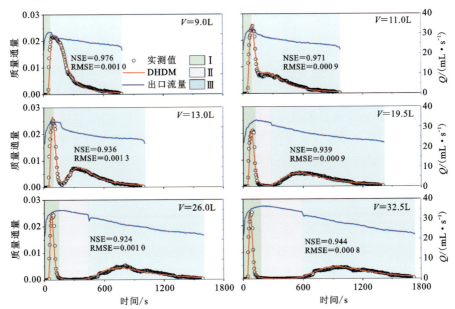

图 3.26 空隙率为 25% 的裂隙系统的实测穿透曲线(圆圈符号)与 DHDM 模拟曲线(红线)

(蓝线为出口流量曲线；Ⅰ：裂隙储水阶段；Ⅱ：由于集中补给量增加而延长的补给持续时间；Ⅲ：裂隙释水阶段)

随着集中补给量从9.0L增加到32.5L,管道域的最佳拟合速度v_1从1.10m/s增加到1.40m/s,这与管道中的实际平均速度较为接近($\bar{v}=1.25\sim1.40$m/s),而裂隙域的最佳拟合速度v_2从0.90m/s下降到0.13m/s。管道与裂隙的平均流速呈负相关关系,管道的流速明显高于裂隙的流速(表3.8)。此外,随着集中补给量的增加,第一峰值提前出现,而第二峰值则较晚到达。随着管道域和裂隙域之间速度差异增大,穿透曲线的双峰结构变得更加明显。这意味着在这个系统中,当溶质在两个域中的运移由对流主导时,速度之间的较大差异将会进一步分离出两个浓度峰值。该结果进一步证实了溶质的储存-释放过程是由水动力的强弱更替所驱动的。

表3.8 DHDM模拟穿透曲线的最佳拟合参数

集中补给量/L	v_1/(m·s^{-1})	v_2/(m·s^{-1})	D_1/(m^2·s^{-1})	D_2/(m^2·s^{-1})	β_1/(s$^{\gamma-1}$)	β_2/(s$^{\gamma-1}$)	γ_1/(—)	γ_2/(—)	φ_1/(—)	φ_2/(—)
9.0	1.10	0.90	2.30	1.40	0.05	0.27	0.7	0.7	0.30	0.70
11.0	1.10	0.60	2.25	1.50	0.05	0.27	0.7	0.7	0.40	0.60
13.0	1.15	0.45	1.40	0.60	0.05	0.23	0.7	0.7	0.33	0.67
19.5	1.20	0.28	1.65	0.40	0.05	0.20	0.7	0.7	0.26	0.74
26.0	1.40	0.20	1.50	0.20	0.05	0.16	0.7	0.7	0.24	0.76
32.5	1.40	0.13	1.40	0.15	0.05	0.08	0.7	0.7	0.23	0.77

管道域中的水动力弥散系数D_1比裂隙域中的D_2大,这是由于管道中的流速更大(Morales et al.,2010)。综合来看,不同水动力条件下的D_1并没有太大的变化,均处于同一数量级;D_2的减小则是对因滞留时间的增加所引起的裂隙域中流速降低的响应。然而,由于管道-裂隙系统的结构是固定的,捕获时间非局域性的参数(γ_1和γ_2)和管道域的容量分配系数β_1保持稳定;裂隙域的容量分配系数β_2则从0.27下降到0.08,表明大量补给后溶质滞留对溶质迁移的影响相对较弱。水动力条件的增强推动了裂隙中的储水体积的增加,进一步推动了裂隙域和不动区的总体积增加。然而,与裂隙域总体积相比,裂隙域中不动区的体积增加较慢。同时,在示踪剂注入条件不变的情况下,较大的φ_2值意味着更多的溶质被裂隙域截留,而管道域的情况则相反(表3.8)。

3.4.5 溶质储存-释放质量的量化

DHDM模拟显示,对流控制了两个域的溶质运移,结合溶质储存-释放机制分析,可推断出总穿透曲线是管道中溶质运移和储存-释放路径的叠加。因此,裂隙中的溶质储存-释放过程可以被看作是一个相对独立的缓慢运移途径,可利用DHDM模型中的最佳拟合参数(表3.8)来表示管道中的溶质传输过程。通过从总的穿透曲线中减去管道的运移曲线,可得到储存-释放路径中的溶质传输过程,再通过整合管道和裂隙中溶质传输曲线的包络面积,与总注入溶质质量的乘积进行积分,便可定量估算出管道直接运移和裂隙储存-释放路径中的溶质质量(Ji et al.,2022)。

结果表明,水动力条件的增强推动更多的溶质在初期被储存到裂隙中(表3.9),导致管道中的溶质运移量逐渐减少(图3.27)。因此,随着集中补给量从9.0L增加到32.5L,裂隙中的溶质储存量M_s也从8.3g增加到11.5g;同时,裂隙释放的溶质质量M_r从7.5g增加到8.5g,而管道直接运移的溶质质量M_c则从6.7g减少到3.5g(图3.28),即随着集中补给量的增加,裂隙释放的溶质比例逐渐从50%增加到57%,管道直接运移的溶质质量从45%减少到23%(图3.28)。

表3.9 使用DHDM模型对不同路径的溶质运移质量的估算

集中补给量/L	M_R/g	R/%	M_s/g	M_r/g	M_c/g	M_L/g	$M_s:M$/%	$M_r:M$/%	$M_c:M$/%	$M_L:M$/%
9.0	14.2	95	8.3	7.5	6.7	0.8	55	50	45	5
11.0	13.6	91	9.2	7.8	5.8	1.4	62	52	38	9
13.0	12.9	86	10.0	7.9	5.0	2.1	67	52	33	14
19.5	12.5	83	11.0	8.5	4.0	2.5	73	56	27	17
26.0	12.4	82	11.2	8.5	3.9	2.7	74	57	26	18
32.5	12.0	80	11.5	8.5	3.5	3.0	77	57	23	20

注:M_R为溶质总回收质量;R为溶质回收率;M_s为裂隙储存的溶质质量;M_r为裂隙释放的溶质质量;M_c为仅通过管道运移的溶质质量;M_L为损失的溶质质量。

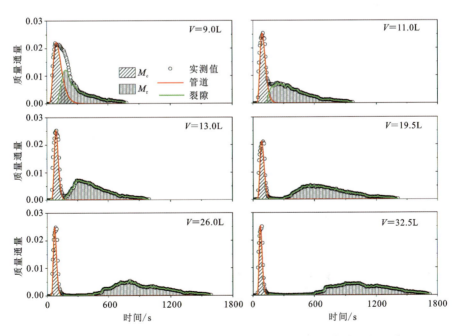

图3.27 空隙率为25%的裂隙系统中实测穿透曲线与管道运移(红线)和裂隙释放路径中(绿线)溶质运移过程曲线之间的对比

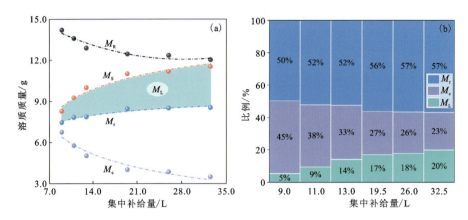

图3.28 集中补给条件下不同路径运移的溶质质量变化曲线(a)和
不同路径运移的溶质质量与总注入质量的比例(b)

在较高的水动力条件下(如32.5L),溶质回收率约为80%;而在较弱的水动力条件下(如9.0L),溶质回收率超过90%(表3.9)。如前所述,随着管道水进入裂隙域,裂隙域中不动区的体积也会增加,毛细作用将溶质滞留并捕获在不动区,导致溶质的部分损失。所以,随着水动力条件的增加,溶质损失的质量M_L从0.8g增加到了3.0g,损失比例从5%增加到20%(图3.28)。这可能也预示着,在野外实际开展的人工示踪试验中,当在暴雨期的落水洞口投放示踪剂时,强水动力条件会导致更多的溶质由管道进入裂隙,而当存在较多的分支管道或滞留区域时,可能会造成更多的溶质损失。

由于岩溶地下水可接受落水洞的大量集中补给,致使其地下水环境非常脆弱,且由于管道中的快速流动,溶质运移通常是一个较为短暂的过程(Vadillo and Ojeda,2022)。然而,快速运移也存在一系列问题,因为高浓度的溶质或污染物可以在无法预见的情况下更快地到达系统出口,且由于含水介质网络的随机分布,增加了它们移动的不确定性。这意味着在集中补给发生的地方,地下水的污染风险比预期的要大得多。此外,储存的溶质或污染物的缓慢释放,甚至会通过下一次补给事件的再次冲刷而进行二次释放,这对岩溶地下水自我净化来说是一个巨大的挑战。因此,本节所提出的溶质暂态储存质量的量化方法有助于指导岩溶地下水污染的防控、修复和管理。

岩溶含水层和实验室尺度的物理建模是深入了解控制岩溶地下水流动和溶质运移机制的有效方法(Shu et al.,2020)。虽然可以利用运动学和力学相似性将野外尺度缩小到实验室尺度,但是尺度效应仍是实验室尺度的物理模型面临的主要问题。本节探讨的溶质运移问题可能存在以下局限性:①虽然实验中的流态是紊流,但在野外尺度的示踪试验中雷诺数会更大;②由于尺度效应,野外尺度的流速通常远大于实验室尺度,这会影响模拟过程中的流速和对流弥散系数等重要参数;③刻画具有可变流速和体积比的双重介质中的溶质运移过程仍然很复杂,在后期的研究中值得继续探索。

4 岩溶水热传递过程

本章以黄粮岩溶槽谷区和榛子岩溶槽谷区内的几个典型岩溶泉为例(见图 1.21),提出了天然岩溶水系统中地下水热响应的分类方案,并利用温度监测数据的模拟,探讨了循环深度、地下水流速、水力直径、输入温度等要素变化对岩溶泉热响应的影响。选取 4 个岩溶泉的热响应过程,模拟了脉冲流和基流的水温,分别刻画了降雨条件下和无降雨条件下岩溶水系统的热响应模式。讨论了热平衡深度和循环深度与不同岩溶水系统结构之间的关系。本章提出的方法将热响应作为识别岩溶水系统几何结构的示踪剂,揭示了岩溶含水层特性如循环深度、水力直径、地下水流速、补给温度影响岩溶水热交换和热响应的控制机制。

4.1 岩溶水热传递基本原理与模拟方法

岩溶水系统是由管道、裂隙、孔隙等多重介质组成的复杂系统,其含水介质具有高度的非均质性。岩溶水系统的复杂性也决定了地下水运动规律的差异性(Goldscheider,2008;Ford and Williams,2007)。岩溶水系统中存在两种水流状态:管道介质中的非达西流和裂隙介质中的达西流。然而,岩溶含水层的几何形态和岩溶水系统的结构特征难以定量刻画。

在过去的几十年里,通过对岩溶泉或井进行了长期的水文监测,利用时间序列分析和流量衰减理论两种方法分析了地下水的循环特征、含水介质的构成和水源的组分(Dewandel et al.,2003;Panagopoulos and Lambrakis,2006;Ford and Williams,2007)。然而,水文过程曲线对管道几何结构分析所能提供的信息很少(Covington et al.,2009),这是因为其他外部因素,如降雨频率和强度等,会影响水文过程曲线的形状(Jeannin and Sauter,1998)。一般来说,使用物理、化学、同位素和示踪实验来综合分析岩溶水系统的结构已经成为目前普遍做法(Winston and Criss,2004;Luhmann et al.,2012;Mudarra,2014;Zhu et al.,2020)。在这些指标中,温度和电导率是最容易获取的两个指标,但电导率的变化容易受到当地补给条件变化的影响(White,2002),温度的起峰时间和峰值时间比其他示踪剂略迟(Luhmann et al.,2012)。相较于其他指标,对岩溶水系统的热运移或温度响应的研究案例很少。

岩溶地下水温度是非保守的指标,通过温度数据可以从中推断出岩溶水系统的补给来源、流动路径和结构特征(Luhmann et al.,2011;2012)。与其他指标(如水化学和同位素)相比,地下水温度具有易获取的特点。此外,还有高精度的监测技术和设备来支持获取可靠的数据。不同的补给水源往往有不同的温度,岩溶泉对不同的输入温度表现出不同的热响应,这使得温度成为水源识别的一个示踪剂(Doucette,2014)。通常情况下,岩溶泉的补给水来源不止一个,补给水来源的确定通常需要通过温度、水化学和同位素等多种方法来综合分析并验证(Barberá and Andreo,2015;Sun,et al.,2016)。一般情况下,补给水的温度与地下水的温度存在差异,当携带热信号的补给水进入含水层时,由于温度的差异,岩溶水系统内部会产生热传导、热对流和热辐射作用,从而使输入温度与岩石温度逐渐相等,进而使得系统趋于热平衡(Liedl et al.,1998)。在低渗透率的岩石中,地下水的流速较低,热传导起着决定性的作用(Manga,2001)。对于管道发育的岩溶水系统,地下水的流速要大得多,地下水通过热传导和热对流作用与周围的岩石进行热交换,使得温度沿着径流途径不断变化。因此,地下水温度主要取决于径流过程中与岩石的热交换(Küry et al.,2017)。

地下水温度的变化主要取决于补给水的温度和径流路径中热交换的程度。短期暴雨所产生的温度响应可以揭示水力直径较大的岩溶管道的几何特征,而长期的季节性温度波动往往能反映水力直径较小的裂隙特征,地下水能否与岩石达到热平衡主要取决于地下水的滞留时间(Luhmann et al.,2011;Covington et al.,2012)。此外,热信号可用于识别岩溶管道的几何参数,热信号的峰值温度已被用作计算岩溶水系统中地下水滞留时间的示踪剂(Birk et al.,2004;Screaton et al.,2004;Covington et al.,2011;Gunn,2015)。地下水对降雨事件的热响应可以反映岩溶水系统的岩溶发育程度和地下水的循环深度(Zhu et al.,2020)。一个岩溶水系统的地下水温度与降雨量的相关性很小,说明其地下水循环深度很深,推测其岩溶不发育(Howell et al.,2019)。

岩溶泉的热信号被认为是管道几何特征、补给条件、循环深度以及管道和裂隙之间热交换的函数。线性模型是描述岩溶水系统热传输的一个简单模型,它利用泉点的出露高程与温度之间的关系来反映地下水温度的垂直分布(Luo et al.,2018a)。在岩溶水系统中,地下水温在垂向上的分布主要受空气循环控制,温度梯度为−0.005℃/m,该值取决于区域气候环境(Luetscher and Jeannin,2004)。在后来的研究中,分别在瑞士阿尔卑斯山和中国西南岩溶地区也得到类似的结论,地温梯度分别为−0.0037℃/m、−0.0062℃/m(Küry et al.,2017)。这些梯度与典型的地热梯度0.02~0.03℃/m明显不同,表明岩溶水系统不受地热系统控制(Luo et al.,2018a;Wang et al.,2021)。线性模型忽略了岩溶水系统对热信号的过滤作用,不能反映岩溶水系统结构的差异,如管道的几何形状如何控制泉水出口的热响应。

为准确描述岩溶地下水的热响应,根据圆柱形管道的热平衡方程,前人提出了一个一维热传导模型,该模型描述了岩溶管道和裂隙网络的特征,同时考虑了通过裂隙进入岩溶管道的扩散流(Long and Gilcase,2009)。一般认为,岩溶管道内没有热辐射、蒸发和空气对流等传热机制,而在充满水的情况下,与岩石的热交换是通过管道周围岩石的热对流和热传导作用。基于此,Covington等(2011)提出了一个热对流-弥散耦合方程,以表示沿岩溶管道的热传递以及与周围岩石的热交换。通过使用解析解和数值模拟,Luhamaan等(2015)提出了新的热传导模型,刻画了管道特征、径流时间、补给水特性和水-岩物理特性对岩溶管道中温度峰值阻尼和衰减的影响。

目前的研究主要集中在暴雨条件下单一管道岩溶水系统的热响应,而对无雨季节的基流温度的刻画很少。在一个水文年中,暴雨事件的次数是有限的,而整体裂隙流的数量比例要高于管道中的快速流。基流温度可以代表岩溶水系的长期波动,是描述裂隙特性的重要工具。此外,在以往的岩溶水系统热响应模拟中,很少考虑地温梯度的变化,围岩中的热梯度对管道流和基流温度的影响机制也尚不明确,需要进一步研究与探讨。

传热是由于温度梯度而产生的能量转移。地下水中热传递的基本方式是热传导、热对流和热辐射。热传导发生在一个没有宏观运动的介质中。热对流可以用来描述微观分子的运动,也可以用来描述宏观流体的流动。在流动的流体和边界层之间的传热过程中,传热流体由于自身的流动而产生对流,不可避免地要与周围的流体或固体壁接触从而传导热量,所以热对流总是伴随着热传导。流体与固体表面之间的热交换过程称为对流传热。岩溶含水层中的地下水传热属于对流传热,是热传导和热对流共同作用的结果。

沿着管道,其水温和时间的函数可以用一维热对流-弥散方程来近似表示(Sinokrot and Stefan, 1993; Birk, 2002)。

$$\frac{\partial T}{\partial t} = D_L \frac{\partial^2 T}{\partial z^2} - v \frac{\partial T}{\partial z} + S_T(z, t, T) \tag{4.1}$$

式中:T 为水温(℃);t 为时间(s);D_L 为纵向弥散度;z 为管道的纵向长度(m);v 为水流速度(m/s);$S_T(z,t,T)$ 是温度补给项(℃/s),用于说明由于管道壁和管道水流之间的边界层传热而引起的温度变化。

$S_T(z,t,T)$ 是由地下水的热通量、水力直径、水的比热容和密度决定的(Birk, 2002)。

$$S_T(z, t, T) = \frac{4}{\rho D c} F_h \tag{4.2}$$

式中:F_h 为单位面积和单位时间的热通量[J/(m²·℃)];ρ 为地下水密度(kg/m³);D 为管道的水力直径(m);c 为恒定压力下地下水的比热容[J/(kg·℃)]。

根据牛顿冷却定律,单位面积和单位时间的热通量 F_h 可表示(Birk, 2002)为

$$F_h = h(T_s - T) \tag{4.3}$$

式中:h 为地下水与岩石间的对流传热系数[W/(m²·℃)];T_s 为管道壁的温度(℃);T 为地下水的温度(℃)。

因此,式(4.1)可变为

$$\frac{\partial T}{\partial t} = D_L \frac{\partial^2 T}{\partial z^2} - v \frac{\partial T}{\partial z} + \frac{4h}{\rho D c}(T_s - T) \tag{4.4}$$

在式(4.4)中,对流传热系数(h)为重要变量,可以根据以下式计算[Birk, 2002, Eq.(2.46); Incropera et al., 2007, Eq.(7.69)]:

$$h = \frac{K_w Nu}{D} \tag{4.5}$$

式中:K_w 为水的导热系数[W/m·℃];Nu 是无量纲的努塞尔数,它是通过边界层的对流传热与纯传导传热的比率确定的。紊流中 Nu 可以由经验公式 Gnielinski 来求得[Incropera et al.,2007,Eq.(8.62)]。

$$Nu = \frac{(f/8)(Re-1000)P_r}{1+12.7(f/8)^{1/2}(P_r^{2/3}-1)} \quad (4.6)$$

式中：f 为达西-魏斯巴赫摩擦系数；$Re=\rho vD/\mu$，为雷诺数；$P_r=c\mu/K_w$，为地下水无量纲的普朗特数；μ 为地下水的动力黏性系数[N/(s·m²)]。

Swamee-Jain 公式（Swamee and Jain,1976）可以用于粗糙或光滑的管道，用以求得达西-魏斯巴赫摩擦系数

$$f = 0.25 \cdot \left[\log\left(\frac{e/D}{3.7}+\frac{5.74}{Re^{0.9}}\right)\right]^{-2} \quad (4.7)$$

式中，e 为管道的绝对粗糙度（m）。

岩溶管道中的热传递经常以热对流为主。在许多情况下，忽略纵向弥散度可求得一个合理的近似值。这一近似值很适用于自然状态下的长期脉冲波动（Luhmann et al.,2015）。忽略纵向弥散度，式（4.4）可以变为

$$\frac{\partial T}{\partial t} = -v\frac{\partial T}{\partial z}+\frac{4h}{\rho Dc}(T_s-T) \quad (4.8)$$

假设管道壁的表面温度等于岩石温度，这取决于地温系统（Kang et al.,2021）：

$$T_s = kz + T_c \quad (4.9)$$

式中：k 为地温梯度（℃/m）；z 为地下水的循环深度，可被认为是管道的纵向长度（m）；T_c 是恒温带的岩石温度，一般可等于当地年平均大气温度（℃）。

结合上述公式，可以求解得到一个模拟管道流的热对流和热传导的数学模型。

$$\frac{\partial T}{\partial t} = -v\frac{\partial T}{\partial z}+\frac{4h}{\rho Dc}(kz+T_c-T) \quad (4.10)$$

$$T|_{z=0} = f(t) \quad (4.11)$$

式中，$f(t)$ 为补给水的输入温度（℃）。这个模型中的两个变量是 t 和 z，它们反映了地下水温度在任意时间的一维空间尺度下的变化。

为了求出上述模型的解析解，作如下假设。

(1)只考虑地下水在垂直方向上的运动，假定为一维尺度，地下水循环深度等同于径流路径的垂直距离。

(2)地下水速度在一次补给过程中沿径流途径被认为是一个等效固定值。

(3)径流途径被认为是一个充满水的圆形管道，在流动中没有热辐射产生。

基于上述假设，得到了该模型[式（4.10）、式（4.11）]的解析解

$$T = \left[f(t)-T_c+\frac{kc\rho Dv}{4h}\right]e^{\frac{-4hz}{c\rho Dv}}-\frac{kc\rho Dv}{4h}+kz+T_c \quad (4.12)$$

通过解析解可知，地下水温度的变化与输入温度和沿管道的对流传热有关，且管道结构特征和流动特征（水力直径、水流速度和径流循环深度等）都会显著影响管道壁和水流的热量交换。

4.2 岩溶泉的热响应及温度模拟

4.2.1 岩溶泉的热响应规律

在研究过程中,使用自动现场监测设备(Model 3001 LTC Levelogger, Solinst Canada Ltd)在青龙口、白龙泉、黑龙泉、龙湾泉4个岩溶泉口和刘家坝、龙湾两个落水洞入口处连续监测频率为0.5h的水位、温度和电导率。2014年10月开始在白龙泉和黑龙泉进行监测,青龙口于2015年1月开展监测,龙湾泉于2019年4月开始监测,2018年1月在龙湾和刘家坝落水洞开始监测。落水洞入口处的温度在暴雨条件下测量的是渠道汇流的水温,而在枯水季因为没有集中的汇流补给到落水洞中,测量的则是空气温度。

在浅层岩溶水系统中,泉水温度受到夏季高、冬季低的地表温度的极大影响,比如龙湾表层岩溶泉、青龙口和白龙泉。泉水的年平均温度主要受其出口附近的地表平均温度的控制,但与典型的地热系统不同,这些岩溶水系统的平均地温梯度为 6.2℃/km($T=18.44-0.006\,2H$),接近岩溶山区空气垂直温度梯度 6.8℃/km($T=19.57-0.006\,8H$)(Luo et al., 2018a)。龙湾泉、青龙口和白龙泉出口水温的季节性变化和气温变化基本一致(图4.1,图4.2)。

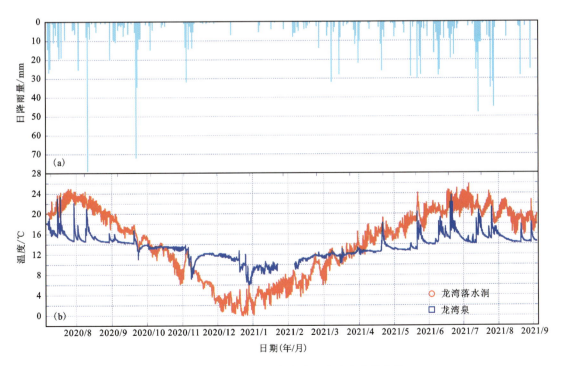

图 4.1 龙湾落水洞和龙湾泉温度响应变化曲线

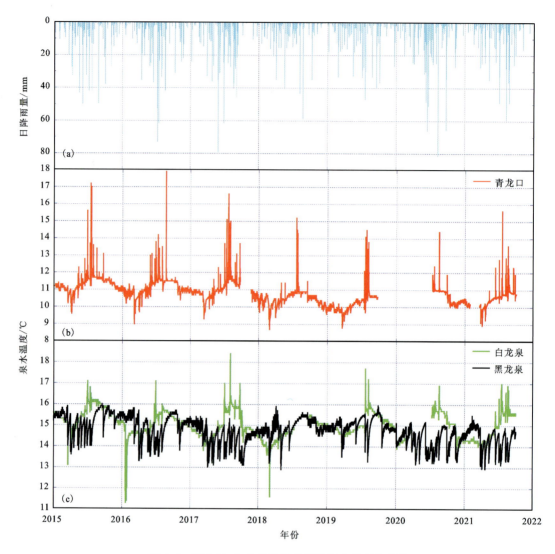

图 4.2　青龙口、白龙泉和黑龙泉温度响应变化曲线

一般来说,在降雨事件发生后,泉水的流量和电导率急剧变化,同时,泉水的温度也会发生变化,这可能是由于补给来源水和基流水温之间差异的影响。在夏季,补给水的温度通常高于基流的温度,导致暴雨后泉水温度急剧上升,从龙湾泉、青龙口和白龙泉水温数据可以得到验证。与此相反,在冬季时,当脉冲式的冷补给水与较暖的基流混合时,往往会发生泉水温度的急剧下降(图 4.1,图 4.2)。通过对龙湾泉、青龙口和白龙泉温度响应过程分析,降雨补给若发生在夏季,泉水温度会出现正脉冲,冬季会出现负脉冲。

值得注意的是,黑龙泉热响应模式不同于其他泉。黑龙泉在雨后也会出现显著的温度响应事件,然而这些往往形成负脉冲,且需要较长时间来恢复到初始状态,一年四季都是如此(图 4.2)。与龙湾泉、青龙口和白龙泉不同,黑龙泉温度响应模式没有季节性特征。暴雨事件后,黑龙泉的温度迅速降低,无论在夏季还是冬季,都伴随着电导率的降低,这说明有新水的补给。与其他3个泉相比,黑龙泉的异常热响应可能是由于经历了不同的传热过程,这需要进一步探讨岩溶水系统的结构对地下水传热机制的控制。

4.2.2 脉冲温度模拟

脉冲温度被定义为暴雨后的峰值或谷底温度,即沿岩溶管道从落水洞到泉水出口的最快速流动。脉冲温度采用式(4.12)进行模拟,在模拟过程中,监测得到的龙湾落水洞的温度序列作为白龙泉模拟的输入数据;而对于其他3个泉的模拟,根据监测到的龙湾落水洞的温度序列,使用空气温度的垂直梯度和平均补给高差来计算输入温度序列。连续输入的温度数据被用来模拟当暴雨发生时可能出现的热响应。虽然在无雨季节,龙湾落水洞的监测温度代表的是空气温度,但这并不意味着必须产生热响应,因为没有有效的降雨补给,只是对其可能出现的降雨后脉冲温度进行模拟。T_c根据这些泉的平均补给海拔的年平均气温计算得到,范围为 10.12~13.45℃。研究区的地温增温梯度(k)设定为 6.2℃/km,模拟中并没有使用典型的地热增温梯度(20~30℃/km)。z值是根据每个泉水的循环深度来设定的,范围为 60~820m。一般来说,大多数研究都假设岩溶管道的粗糙度是一个恒定值(Saller et al.,2013)。在模拟中,设定岩溶管道中相对粗糙度 e/D 为 0.01。因此,模型中主要需要校准的参数是 D 和 v,h 则是由这些参数确定的。

根据研究区的实际野外条件,模拟中的相关参数如表 4.1 所示。

表 4.1 热模拟中使用的参数表

参数	取值	单位
ρ	1000	kg/m³
c	4200	J/(kg·℃)
μ	$1.100 \times 10^{-3}(T=15℃)$	kg/(s·m²)
K_w	$0.59(T=15℃)$	W/(m·℃)
k	0.006 2	℃/m
v	0.005~0.3	m/s
D	0.1~3	m
e	0~0.025	m
T_c	10.25~13.45	℃
z	0~900	m

通过改变 D 和 v 值,该模型可以捕捉每个温度高峰或低谷来校准最佳 D 和 v 值(表4.2)。D 和 v 的最佳参数值是指暴雨条件下的等效水力直径和流速。这些参数在暴雨补给后将变得更大,因为集中补给使管道充满了水,具有更强的水动力条件。这些模拟的脉冲温

度是在暴雨产生有效的集中补给后才出现的峰值或谷底温度。因此,模拟值是包含暴雨后地下水中所有可能的峰值或谷值温度的包络曲线。

表 4.2 温度模拟中最佳拟合参数

泉点	类型	D/m	v/(m·s^{-1})	z/m	T_c/℃
龙湾泉	脉冲流	1.8	0.20	60	12.43
	基流	0.2	0.05	60	12.43
青龙口	脉冲流	1.8	0.20	200	10.12
	基流	0.5	0.05	200	10.12
白龙泉	脉冲流	1.6	0.10	310	13.45
	基流	0.6	0.05	310	13.45
黑龙泉	脉冲流	0.6	0.10	510	10.25
	基流	0.5	0.05	820	10.25

在龙湾泉、青龙口和白龙泉,模拟的脉冲温度能够很好地匹配暖脉冲峰值(图 4.3,图 4.4,图 4.5)。由于香溪河流域冬季暴雨较少,只出现了较少的冷脉冲谷底值,所以模拟的冷脉冲谷底值很少能与之匹配。但在龙湾泉,春季和冬季有大量的冷脉冲,仍然可以看到模拟值与低温脉冲谷底值非常吻合(图 4.3)。黑龙泉总是表现出冷脉冲,通过参数校正,当循环深度为 510m 时,能大致匹配 13℃ 左右的脉冲温度,但其实际的循环深度为 820m(图 4.6)。这意味着,不同温度的补给水在循环深度为 510m 时,被冷却或加热至 13℃ 左右,然后补给水与更深位置的较暖基流混合,导致黑龙泉出口处每次暴雨事件后的温度均出现下降。

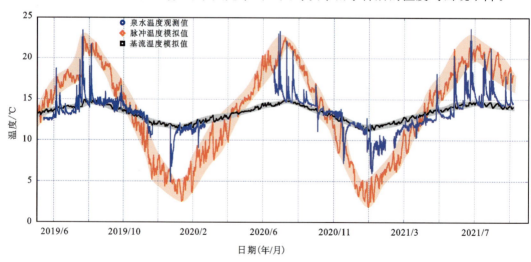

图 4.3 龙湾泉脉冲温度和基流温度模拟过程曲线

4 岩溶水热传递过程

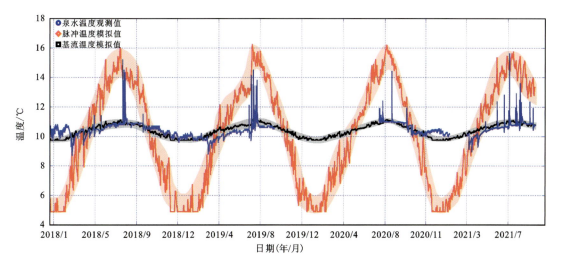

图 4.4 青龙口脉冲温度和基流温度模拟过程曲线

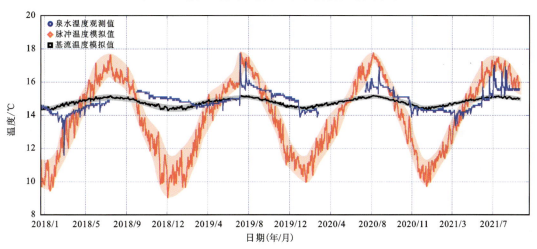

图 4.5 白龙泉脉冲温度和基流温度模拟过程曲线

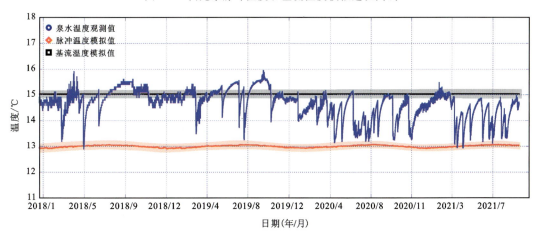

图 4.6 黑龙泉脉冲温度和基流温度模拟过程曲线

4.2.3 基流温度模拟

龙湾泉、青龙口和白龙泉的基流温度波动反映出了与空气温度波动相一致的季节性变化特征,而黑龙泉的基流温度似乎恒定在15℃左右。这些基流主要从水力直径较小、流速较慢的裂隙中排出,有着较长的热交换时间。

模拟的基流温度与龙湾泉、青龙口和白龙泉的监测值十分吻合,成功地模拟出了泉水温度的季节性变化特征。模拟的基流温度在夏季较高,冬季较低,与气温的季节性变化相一致。但随着径流深度的增加,观察到的季节性波动与模拟温度的季节性变化相比,出现了一定的延迟,如白龙泉(图4.5),与地下水滞留时间较长而导致的含水层温度的变化规律相似(Luhmann et al.,2011)。而在黑龙泉,由于循环深度较深,模拟的基流温度约15℃,失去了季节性波动特征,补给水有足够的时间与周围岩石进行热交换(图4.6)。

与从落水洞集中补给流经岩溶管道的脉冲流相比,基流主要从裂隙中排出,速度较慢,滞留时间较长,其所代表的等效水力直径较小。基流的最佳等效水力直径为0.2~0.6m,而管道中脉冲流的水力直径可达到1.8m,如龙湾泉和青龙口泉。基流的等效水力直径包含了某个岩溶水系统的所有裂隙通道,在无雨季节主要控制基流温度。

4.3　岩溶水热传递的控制因素

岩溶管道中热交换的主要控制因素是循环深度、水力直径、流速、对流传热系数和补给水的温度等。地下水的流度和水力直径随岩溶水流态和岩溶水系统结构而变化,对流传热系数也受这些因素的控制。

4.3.1 循环深度和热平衡深度

循环深度控制着径流通道的长度和热交换的滞留时间。不同温度的补给水在进入落水洞后沿管道不断与周围岩石进行热交换。当达到一定的循环深度时,补给水的温度与周围岩石一致,达到热平衡状态,将该深度定义为热平衡深度。热平衡深度由管道的几何形状、流动特性和输入温度决定。当地下水达到热平衡后,流向更深的深度时,地下水的温度直接受周围岩石的温度控制。

在图4.7中设定了一个输入温度为25℃的暖补给条件,当水力直径较小的时候,热平衡深度也较小。如果水力直径为0.1m,补给水达到热平衡的循环深度约100m;而当水力直径为0.5m,热平衡深度为380m(图4.7)。随着水力直径的增加,热平衡深度也随之增加。这是因为水力直径越大,热交换能力越弱,热交换越不充分,这意味着补给水的热信号需要更长的运移距离才能达到热平衡。

在黑龙泉,脉冲流在到达泉口之前就已达到了热平衡,其热平衡深度约510m。然后经过热平衡的补给水在泉水出口附近与基流混合,深度为820m,因此全年在暴雨后均产生冷

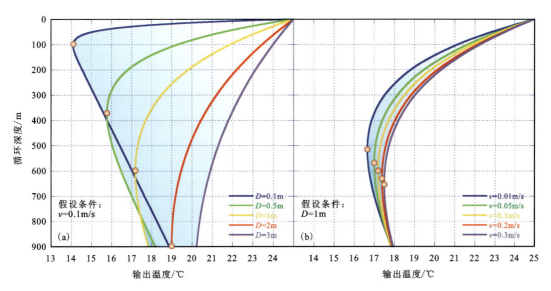

图 4.7 不同水力直径(a)和流速(b)下输出温度与循环深度的关系图
(红色点为热平衡深度)

脉冲。而龙湾泉的循环深度约 60m,远远小于其热平衡深度,因此每次暴雨后都会出现显著的热响应。青龙口和白龙泉的循环深度比龙湾泉深,但仍不足以达到热平衡,因此在极端暴雨后,补给水的温差很大,会出现一些暖脉冲或冷脉冲。在降雨温度与基流温度相近的季节,补给水容易达到热平衡,只需要很浅的热平衡深度,暴雨过后可能没有出现热响应,如青龙口和白龙泉的春、秋两季。

基于热交换与岩溶水系统结构的关系,岩溶水系统的热传递模型可以反映岩溶发育特征。根据地下水携带的热信号能否被岩溶水系统过滤,热交换模式可分为无效热交换和有效热交换。当水在流经岩溶含水层时,还没能与岩石温度平衡,就产生了热无效交换模式(Luhmann et al.,2011),补给水的热信号可以在泉口出现响应。在龙湾泉、青龙口、白龙泉,它们的循环深度不足以达到热平衡状态,因此它们在降雨事件尺度上的热响应是夏季为暖峰值和冬季为冷谷底值,这是热无效交换模式的表现。而在黑龙泉,其平衡深度约 510m,比其循环深度 820m 要浅,这为地下水在泉口排泄前通过管道与岩壁发生充分热交换提供了足够的空间和时间。

4.3.2 水力直径和地下水流速

从式(4.2)和式(4.3)可以看出,当对流传热系数不变时,单位时间内交换的热量主要取决于交换面的表面积。交换的热量由比表面积控制,而比表面积是由水力直径这一关键因素决定的。随着水力直径的增加,比表面积逐渐减少,因此,管道壁能与水流交换的比表面积减少,管道流中能保留的热量增多。随着水力直径的增加,热平衡所需的深度逐渐增加[图 4.7(a)],因此需要更长的滞留时间来达到热平衡。此外,当流速恒定时,对流传热系数随着水力直径的增加而逐渐下降，从而削弱了传热能力。可以推断，岩溶管道系统越发达，系统越能保持集中补给水输入的热信号。

与水力直径的影响相比，地下水流速对传热的影响相对较弱。一般来说，流速越小，越容易达到热平衡状态，达到热平衡所需的循环深度也越小。当流速较小时，地下水有足够的时间与周围的岩石进行热交换，所以更容易达到热平衡，导致热平衡循环深度较浅[图4.7(b)]。如果补给水和周围的岩石达到热平衡，根据地热增温的规律，地下水温度会随着深度的增加而逐渐上升。从整个地下水循环的角度来看，管道中的流速越大，水流停留时间越短，与围岩之间的热交换越小，导致更多的热信号被保留在管道流中。

脉冲流模拟得到的水力直径比基流大得多（表4.2），龙湾泉、青龙口、白龙泉的水力直径值为1.6～1.8m。这些较大的水力直径可以保留更多来自输入水温的热信号（图4.8），从而表现出热无效交换模式。而对于等效水力直径小于0.6m的基流，热信号足以被过滤，导致水温相对稳定，与周围岩石温度相似。如白龙泉，其基流温度在输入水温5～25℃之间变化后稳定于15℃左右（图4.8）。

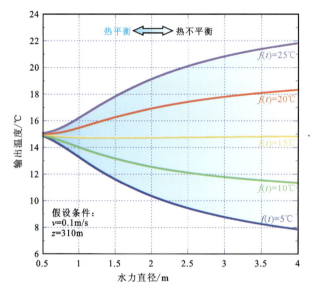

图4.8　不同水力直径下输出温度与输入温度之间的关系图

模拟的水力直径和地下水流速表示的是在垂直尺度上径流通道的几何形状的等效值，全面反映了岩溶管道和裂隙的发育程度，但并不代表岩溶管道和裂隙的实际尺寸。特别是对于裂隙来说，0.2～0.6m的模拟值是所有裂隙的等效值之和，由岩溶发育程度和岩溶水系统的规模所决定。

4.3.3　补给温度的季节变化

补给水的输入温度提供了水和周围岩石之间热交换的初始值，它是识别泉水出口处的热信号是否被保留的参考值。不同的输入温度会在泉水出口处产生不同的热响应，岩溶水系统的不同结构也会产生各种平衡状态。

在循环深度为310m的白龙泉,当水力直径较大时,如$D>1.0m$,在泉口可以不同程度地保留冷或暖的输入温度。当水力直径较小时,如$D=0.5m$,泉口处的温度响应将被大幅削弱,温度约15℃,与周围岩石温度相同,达到热平衡,因此泉口处的热响应将消失(图4.8)。

携带不同输入温度的补给水通过落水洞集中补给进入岩溶管道后,水中的热量首先与周围的岩石进行交换,即较冷的补给水被加热,较热的补给水被冷却。当达到热平衡深度时,水与岩石的热交换达到平衡状态,如黑龙泉的平衡深度为500~600m(图4.9)。达到热平衡后,随着深度的不断增加,地下水温度将根据地温梯度增加,从而形成热有效交换模式(图4.9)。

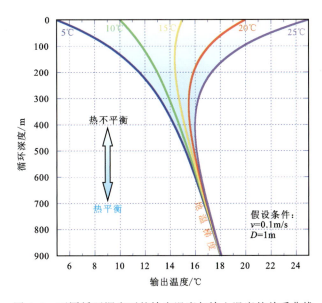

图4.9 不同循环深度下的输出温度与输入温度的关系曲线

对于表层岩溶水系统,如龙湾表层岩溶泉,其循环深度约为60m,因循环深度太浅,没有足够的滞留时间让补给水和周围岩石进行热交换。因此,龙湾泉在夏季和冬季分别出现了明显的暖峰和冷谷(图4.1),表现出典型的热无效交换模式。

4.4 岩溶水系统热迁移的概念模型

香溪河流域内存在大量的岩溶洼地和落水洞,形成岩溶水系统暴雨后快速集中的补给通道。上述4个岩溶泉在暴雨后的流量、电导率和地下水温度都对暴雨事件有着响应,推断这些系统有两条路径来获取降雨的补给(图4.10)。一条流动路径是通过岩溶管道从落水洞到泉口,是携带不同溶质和温度的水流快速流动的结果。在快速流动路径中,管道中集中补给来源水与周围的岩石进行热交换,如果没有达到热平衡深度,就会产生显著的热响应。另一条流动路径是通过裂隙,形成温度相对稳定的基流,一般处于热平衡状态(图 4.10)。

岩溶管道和裂隙的规模和几何形状控制着脉冲流和基流的对流传热过程。对于管径大和长度短的岩溶管道来说,泉水出口处的水温可以保持来自集中补给水的大部分信号。裂隙中的地下水通常具有更慢的速度和更长的停留时间。如果补给水的流动路径较长或滞留时间较长,例如在较长的岩溶通道或裂隙介质中,补给水的热信号可能会受到周围岩石的极大影响(图 4.10),从而达到热平衡状态。

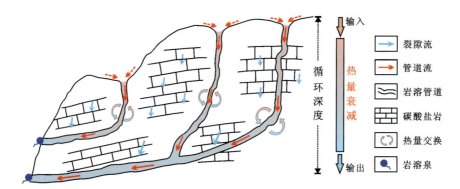

图 4.10　水流与岩溶管道和围岩热交换结构示意图

5 岩溶隧道涌突水过程识别

本章以峡口岩溶峡谷区为典型研究区(图 1.27,图 1.28,图 1.29;地质环境条件详见 1.4.3 节),重点探讨在人类工程活动改变岩溶水系统结构之后对岩溶水文过程的识别。

隧道涌突水问题一直是困扰隧道工程建设和日常安全运营的难题,尤其是岩溶地区的隧道涌突水问题表现得更为复杂。涌突水来源的识别是解决隧道涌突水问题的核心,对充水途径刻画、涌水量预算、防治工程建设等起到决定性作用(韩行瑞,2015;李潇等,2020)。前人在研究隧道或矿坑等地下工程涌突水问题时,分别采用了多种技术方法进行涌突水来源的识别(范威等,2015;Li et al.,2018;Liu et al.,2020)。人工地下水示踪技术被广泛地应用于地下水来源识别(Goldscheider and Drew,2007;罗明明等,2018),在岩溶区隧道涌突水来源识别中也多次得以成功应用(常威等,2020)。地下水的水化学和同位素等信息也常被用作天然示踪剂,用以追溯地下水的形成起源与判别地下水径流组分的差异(霍建光等,2015;陈静等,2019),在具有不同级次地下水流系统和不同水岩作用程度的地区,应用效果较好(Luo et al.,2016a;Chen et al.,2019)。岩溶区的隧道涌突水问题防治难点在于,岩溶水文地质条件复杂,地下岩溶发育的空间结构难以刻画,地下径流组分的形式多样,导致涌突水的来源识别和水量预测存在挑战(林传年等,2008)。因此,如何结合区域岩溶发育规律选择合适的技术手段进行涌突水来源的识别,以及如何利用多信息渠道验证来提高涌突水预测的准确性,在方法研究与综合分析上,都是值得不断探索的方向,可为岩溶区的地下工程建设和地质灾害防治提供重要的科学依据和方法参考。

深部岩溶隧道突水情况复杂,定量预测困难。主要分析和计算方法包括降雨入渗模型、径流模数计算、径流深度计算、地下水动态模型和氚同位素方法(Kang et al.,2019)。这些方法大多适用于深度较浅的隧道,需要多个拟合参数,包括渗透系数、地下水埋深、隧道宽度效应等。除此之外,还可采用因子分析、数值计算、非线性理论等方法进行突水预测(Li et al.,2013;Shi et al.,2017;Liu et al.,2021)。数值方法可以提供合理的涌突水估算,但其准确性取决于地质数据的质量和反复调参(Hou et al.,2016;Fu et al.,2021)。总体而言,获取上述方法所需的参数和数据具有挑战性,特别是在水文地质条件复杂且可靠数据较少的岩溶山区(Jin et al.,2016;Lin et al.,2019),目前还没有十分成熟的理论或经过验证的计算方法可以准确地预测岩溶涌突水过程。

峡口隧道是沪蓉高速公路鄂西宜巴段的重要工程,位于湖北省宜昌市兴山县峡口镇境内。隧道采用分幅式,洞身主要为直线型,其左线起讫桩号 ZK104+214～ZK110+670,走向方位 267°,总长 6456m;右线起讫桩号 YK104+223～YK110+710,走向方位 266°,总长 6487m。隧道最大埋深约 1500m,属深埋特长型隧道。峡口隧道设计路面为人字坡,进口前段 1837m,纵坡降 0.60%,出口后段 4650m,纵坡降-1.78%。隧道右洞位于北部,左洞位于南部,由北至南分别有右洞北侧、右洞南侧、左洞北侧、左洞南侧 4 条盲沟,均向隧道出口进行排水。

沪蓉高速峡口隧道自 2011 年 8 月施工建设以来,先后在通风斜井(XJK0+077~XJK0+101)、隧道左洞(ZK107+552~ZK107+555)、隧道右洞(YK107+555~YK107+595)出现涌水涌泥现象,后通过一系列排水措施进行了地下水防治。2014 年 8 月 31 日,峡口隧道通风斜井(YK108+474)上方出现涌水险情,涌水夹杂泥沙从右洞内排风口处涌出,最大涌水量达 500m³/h,后通过疏导排水的方式有效地解决了涌水问题。2020 年 4 月 19 日起,峡口隧道(YK109+229)出现涌水险情,4—11 月期间多次发生涌突水事件,呈现出间歇性突水的特点,其中 2020 年国庆节期间的最大涌水量达到 14 947m³/h。

峡口隧道在运营期内多次发生涌突水事件,多次导致交通中断,严重影响隧道运营安全。峡口隧道有着较长的涌突水历史,在隧道开挖后,岩溶水文地质条件发生了变化,为了隧道的安全运行,迫切需要进一步查明峡口隧道涌水后的水文地质条件,判别涌水来源和充水途径,为峡口隧道岩溶涌突水地质灾害治理提供科学依据。

5.1 峡口隧道涌突水历史

为分析涌水量与降雨量的响应关系,笔者收集并监测了研究区的气象水文要素。降雨数据收集自宜昌市水雨情分析系统,分析中采用了距离峡口隧道较近的峡口站、建阳坪站、杨家湾站、兴山(三峡)站 4 个气象站的小时降雨数据。峡口隧道的涌水量记录为人工测量,本次测量并收集了 2020 年 7—12 月的小时涌水量记录并进行分析。

峡口隧道自建设以来,在不同部位经历了多次涌突水事件(表 5.1,图 5.1),均为揭露研究区南北向的岩溶地下水径流通道所致。在施工开挖至岩溶地下水径流带时,或原有溶腔在长期冲刷过程中造成隧道衬砌结构发生破坏的情况下,强降雨条件导致涌突水事件发生。

表 5.1 峡口隧道涌水历史

涌水位置	涌水时间 (年/月/日—年/月/日)	涌水路段 里程桩号	最大涌水量/ ($m^3 \cdot h^{-1}$)	涌水段围岩
通风斜井	2011/8/28—2012/3/5	XJK0+077~101	300	大冶组薄—中厚层灰岩(T_1d)
隧道左洞	2012/5/7—2012/5/12	ZK107+552~555	480	栖霞组灰岩夹页岩、泥层(P_1q)
隧道右洞	2012/6/9—2012/6/29	YK107+555~595	360	栖霞组中厚层灰岩夹泥层(P_1q)
通风斜井	2014/8/31—2014/9/10	XJK0+077~101	500	大冶组薄—中厚层灰岩(T_1d)
隧道左洞	2020/4/19—2020/6/28	ZK109+225~275	300	嘉陵江组薄—中薄层白云岩($T_{1-2}j$)
隧道右洞	2020/4/19—2020/11/30	YK109+229~279	14 947	嘉陵江组薄-中薄层白云岩($T_{1-2}j$)

5 岩溶隧道涌突水过程识别

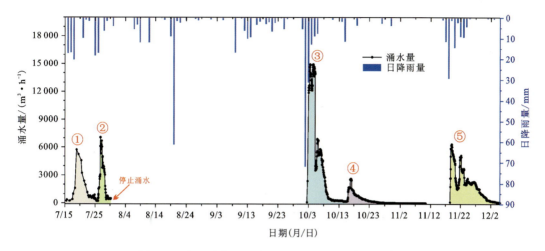

图 5.1　峡口隧道 2020 年 7—12 月的涌突水过程曲线

2011—2012 年,峡口隧道自出口向进口施工过程中,分别在通风斜井、隧道左洞、隧道右洞遇到不同程度的涌水或涌泥现象。自 2012 年 6 月 9 日右洞发生涌水之后的近一年半时间里,右洞北侧盲沟排水常年浑浊,流量明显大于其他 3 处盲沟出口排水,且动态变化较大,而其他 3 处盲沟排水则常年清澈(罗明明等,2015a)。2014 年 1 月 7 日,实测 4 处盲沟出口排水量分别为(由北至南):右洞北侧 38.5L/s,右洞南侧 9.0L/s,左洞北侧 9.6L/s,左洞南侧 1.4L/s。

2014 年 8 月 31 日,运营期的峡口隧道右洞通风斜井发生涌水险情。涌水夹杂着泥沙从隧道右洞内排风口处(桩号 YK108+474)涌出,最大涌水量达 500m³/h。处治过程中,采用加固和疏导的措施继续向右洞北侧盲沟排水,通风斜井自 2014 年发生涌水事件之后,再无涌水险情发生。

2020 年 4 月 19 日,在研究区连降大雨后,峡口隧道出现涌水涌沙险情,主要涌水点位于右洞 YK109+229 处。后随着降雨事件的发生,出现间歇性的涌水事件(图 5.2),最大涌水

图 5.2　峡口隧道北洞 YK109+229 处集中涌水点(2020/7/18)(a)及
涌突水从峡口隧道北洞出口流出状态(2020/10/4)(b)

量达到 14 947m³/h，期间还出现过涌水通道被堵塞的现象。在强降雨条件下，地下水压力增大，隧道洞身周边原有的含水腔体和岩溶管道不断受到冲刷，隧道衬砌的薄弱部位在长期冲刷下发生破坏，使右洞涌水点 YK109＋229 处紧急停车带的端头墙破裂，涌水携带了大量的泥沙和块石进入隧道，形成了一个通畅的岩溶涌水通道。

5.2 岩溶涌突水来源识别

5.2.1 隧道稳定排水来源识别

为识别涌突水的来源，笔者采集了不同涌突水状态下的水化学全分析样品和氢氧同位素样品。在 2014 年 8 月通风斜井涌水期间和 2020 年 7 月隧道右洞集中涌水期间，分别采集了涌水点和隧道 4 个盲沟排水的水化学和氢氧同位素样品，并针对 7 月的集中涌水事件进行了高频率过程采样。隧道稳定排水期间，2013—2014 年主要针对丰、枯水期进行了水化学和氢氧同位素采样；通风斜井发生涌水之后，2015 年 1 月至 2016 年 8 月间对隧道右洞北侧和左洞南侧盲沟进行了月度水化学和氢氧同位素采样，月度采样均在非降雨条件下进行。以上采样过程的同时还对响龙洞进行了对比采样分析。

水化学全分析测试在教育部长江三峡库区地质灾害研究中心水化学分析实验室完成，阳离子采用等离子体发射光谱仪 ICP－OES(iCAP6300)进行测试，测试精度为 0.001mg/L；阴离子采用离子色谱仪（ICS－2100）进行测试，SO_4^{2-}、Cl^-、NO_3^-、F^- 的测试精度为 0.001mg/L。HCO_3^- 采用酸式滴定法在野外采样当天完成。阴阳离子的误差分析均小于 5%。氢氧同位素在中国地质大学（武汉）地质调查实验中心完成，采用液态水稳定同位素分析仪（LGR IWA－45EP）进行测试，基于 VSMOW 标准用 δD 和 $\delta^{18}O$ 表示，测试的精度分别为 0.3‰ 和 0.08‰。

5.2.1.1 水化学特征

2013—2014 年丰、枯水期和 2015—2016 年月度取样均表明，响龙洞为单一的岩溶水，水化学类型为 HCO_3－Ca 型。右洞北侧主要显示出岩溶水的水化学特征，其他 3 处盲沟出口排水中 Na^+、K^+、SO_4^{2-} 的浓度明显偏高，而 Ca^+、HCO_3^- 浓度相对较低，水化学类型以 $HCO_3 \cdot SO_4$－Na·Ca 为主（图 5.3），显示出侏罗系碎屑岩裂隙水的水化学特点（罗明明等，2015a），Na^+ 和 SO_4^{2-} 浓度比典型岩溶水明显偏高（表 5.2）。微量成分 Sr^{2+} 浓度在岩溶水与碎屑岩裂隙水中也表现出明显差异，右洞北侧与响龙洞的平均 Sr^{2+} 浓度为 0.55～0.58mg/L，而左洞南侧的平均 Sr^{2+} 浓度为 4.40mg/L，表明水的来源与经历的水岩作用有关，较高浓度的 Sr^{2+} 可能与富含天青石的上三叠统—侏罗系黏土岩夹层有关。通过其他常量组分的对比还发现，左洞南侧的水化学组分具有明显差异。由于上三叠统—侏罗系长石石英砂岩的造岩矿物中提供了新的 Na^+ 溶滤来源，碎屑岩裂隙水中的 Na/Cl

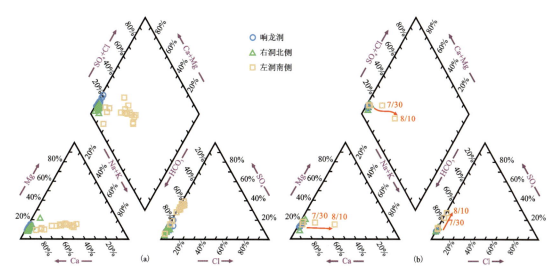

图 5.3 稳定排水期间 2015—2016 年的水化学 Piper 三线图(a)和
2020 年涌水期间的水化学 Piper 三线图(b)

值大于一般降雨来源的 Na/Cl 值(1∶1);而右洞北侧与响龙洞则较为接近,表明两者均来源于二叠-三叠系岩溶含水层(图 5.4)。

水化学对比分析的结果可以说明,右洞北侧排水与其他 3 处盲沟排水来源不同,右洞北侧主要来自二叠系—中三叠统碳酸盐岩类岩溶水,而右洞南侧、左洞北侧、左洞南侧则主要混合了上三叠统—侏罗系碎屑岩裂隙水(罗明明等,2015a)。通风斜井发生涌突水之后,在非暴雨期,2015—2016 年隧道排水来源与 2013—2014 年的隧道排水来源相同,表明通风斜井的涌突水并未显著改变隧道盲沟排水的汇水条件。

5.2.1.2 氢氧同位素特征

月度氢氧同位素分析结果显示,研究区各水点的月度氢氧同位素值均位于当地大气降水线(LMWL:$\delta D = 8.17 \delta^{18}O + 13.38$)(黄荷等,2016)附近(图 5.5),表明响龙洞和隧道排水均来源于大气降水补给。

研究区高程最高点为峡口隧道上方的利坊山,高程约 1808m;孟家陵一带的岩溶洼地高程为 1600~1650m。响龙洞的出露高程为 356m,峡口隧道排水的取样高程为 275m。山区大气降雨氢氧同位素分布具有较为明显的高程效应,参考香溪河流域的大气降水氢氧同位素高度梯度(−2.4‰/km;Luo et al.,2016a),根据 2015—2016 年间月度氢氧同位素的平均值进行了补给高程估算(表 5.2),响龙洞的平均补给高程(1013m)低于峡口隧道右洞北侧和左洞南侧排水的平均补给高程(1225~1233m)。结合响龙洞和峡口隧道排水的取样高程,可估算出响龙洞的平均循环深度为 657m,右洞北侧和左洞南侧排水的平均循环深度为 950~958m。

表 5.2 2015—2016 年月度水化学与氢氧同位素统计值

取样位置	统计值	K^+/(mg·L^{-1})	Na^+/(mg·L^{-1})	Ca^{2+}/(mg·L^{-1})	Mg^{2+}/(mg·L^{-1})	Sr^{2+}/(mg·L^{-1})	SO_4^{2-}/(mg·L^{-1})	Cl^-/(mg·L^{-1})	HCO_3^-/(mg·L^{-1})	NO_3^-/(mg·L^{-1})	TDS/(mg·L^{-1})	δD/‰	$\delta^{18}O$/‰	补给高程/m
响龙洞	平均值	0.78	1.47	69.45	6.44	0.58	22.54	2.04	207.22	6.70	213.02	−53.20	−8.47	1013
	标准差	0.14	0.22	11.02	1.04	0.14	5.85	1.14	24.94	1.98	21.77	4.04	0.45	—
右洞北侧盲沟	平均值	0.97	2.58	62.17	5.00	0.55	15.55	1.62	195.68	2.65	188.37	−57.48	−8.98	1225
	标准差	0.41	0.60	12.49	0.81	0.07	3.16	1.10	26.98	0.60	19.90	2.24	0.47	—
左洞南侧盲沟	平均值	5.98	26.65	48.68	7.25	4.40	61.45	2.63	177.53	3.04	244.45	−59.53	−9.00	1233
	标准差	2.02	10.50	11.45	1.30	1.68	22.36	1.21	26.12	1.12	29.49	2.39	0.39	—

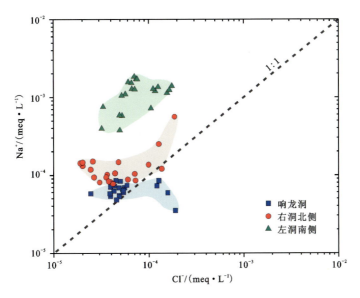

图 5.4 研究区不同水点的月度取样水化学成分对比图

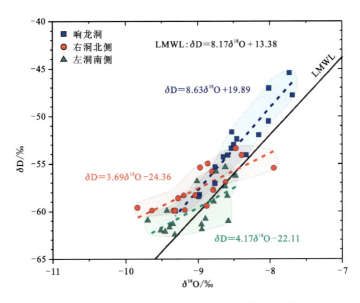

图 5.5 研究区不同水点的月度氘氧同位素分布图

地下水氘氧同位素的季节变化和离散程度也可揭示地下水的循环深度差异(Luo et al.,2016a)。从月度氘氧同位素的季节波动来看,响龙洞的月度氘氧同位素值的离散程度较大,拟合直线的斜率与当地大气降水线的斜率十分接近,表明响龙洞的循环深度较浅,与大气降水的联系更为密切(图 5.5)。隧道右洞北侧和左洞南侧排水的月度氘氧同位素值的分布相对集中,离散程度较小(图 5.5),表明其受降雨氘氧同位素的季节性变化影响较小,说明其循环深度相对较深,氘氧同位素的季节效应受到较为充分的阻尼过滤作用,这与估算的循环深度对比结果一致。

由此可推断,响龙洞系统的补给范围主要位于孟家陵以北的区域,这一区域的平均高程较孟家陵岩溶洼地区及其南部脊岭斜坡的平均高程要低;而峡口系统的补给范围则覆盖了孟家陵岩溶洼地区及其以南的区域(图5.6)。孟家陵岩溶洼地和落水洞接受大气降水补给后向南径流,峡口隧道的施工改变了地下水局部流场,对原本向南的地下径流产生了截排作用。

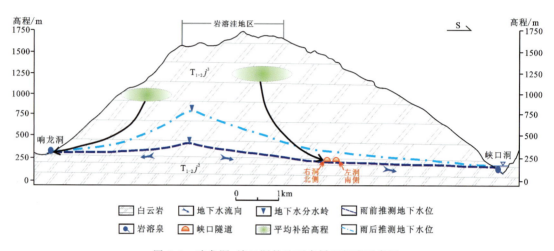

图 5.6 响龙洞-峡口洞的地下水循环径流示意图

5.2.2 隧道涌突水来源识别

5.2.2.1 通风斜井涌水来源

在2014年通风斜井涌水事件中,通风斜井涌水点与4个盲沟排水的水化学特征极为相似(表5.3)。相比于2013—2014年和2015—2016年在非降雨条件下的水化学采样结果,稳定排水期间隧道左洞和右洞的水化学特征差异极大,右洞北侧排水主要来自研究区北部的岩溶水,而其他3个盲口排水主要来自侏罗系裂隙水,混合的岩溶水比例较小。

涌水状态下,4个盲沟排水均显示出典型的岩溶水化学特征,排水的流量从右洞北侧往左洞南侧依次减小,说明此时隧道区的地下水位抬高,隧道双向洞室上方及四周均为充水状态,较高的水动力压差使得地下水往左右2个隧洞的4个盲沟同时进行排泄,其中右洞北侧盲沟的排泄能力最大(表5.3),且排水中含有大量泥沙,对向南的地下径流的截留作用最强。

2014年9月3日的水化学分析显示,随着涌水量的减小,各水化学组分的浓度均升高(表5.3)。由于降雨补给的水化学组分比地下水基流偏低,随着涌水量的衰减,涌水中降雨补给的混合比例在减小,表明降雨是涌突水的主要来源。

表 5.3 水化学和稳定氢氧同位素测定结果

取样地点	K^+/(mg·L^{-1})	Na^+/(mg·L^{-1})	Ca^{2+}/(mg·L^{-1})	Mg^{2+}/(mg·L^{-1})	Sr^{2+}/(mg·L^{-1})	SO_4^{2-}/(mg·L^{-1})	Cl^-/(mg·L^{-1})	HCO_3^-/(mg·L^{-1})	NO_3^-/(mg·L^{-1})	TDS/(mg·L^{-1})	$\delta^{18}O$/‰	δD/‰	取样日期(年/月/日)	备注
通风斜井涌水	1.3	2.0	59.3	3.0	0.5	30.0	4.9	180	2.5	193	—	—	2014/9/2	15L/s
通风斜井涌水	3.4	2.3	67.9	3.3	0.9	44.3	5.1	194	4.4	228	—	—	2014/9/3	10L/s
右洞北侧盲沟	1.3	1.4	59.5	3.5	0.6	24.9	5.1	210	5.8	207	—	—	2014/9/2	385L/s
右洞南侧盲沟	4.3	4.4	53.4	2.6	1.1	35.2	5.5	205	7.7	217	—	—	2014/9/2	98L/s
左洞北侧盲沟	2.6	3.6	59.2	4.6	0.7	22.6	5.1	238	7.4	225	—	—	2014/9/2	58L/s
左洞南侧盲沟	5.1	7.2	49.7	3.4	2.2	38.1	5.3	200	8.8	220	—	—	2014/9/2	42L/s
孟家陵表层泉	0.3	1.1	40.2	12.2	0.0	6.4	0.6	168	0.3	247	−8.88	−51.63	2020/7/20	涌突水①
右洞涌水点	3.5	1.2	64.8	8.7	0.7	15.2	1.2	189	2.8	312	−8.62	−53.09	2020/7/20	涌突水①
右洞南侧盲沟	1.6	4.3	62.9	4.1	0.7	19.9	1.0	178	3.7	296	−8.80	−53.58	2020/7/20	涌突水①
左洞南侧开孔	0.9	1.2	65.4	7.5	0.6	14.8	0.9	198	2.7	314	−8.46	−53.08	2020/7/20	涌突水①
左洞南侧盲沟	1.2	2.4	63.9	7.5	0.9	20.6	1.0	191	2.7	327	−8.59	−53.09	2020/7/20	涌突水①
响龙洞	0.9	1.5	73.3	6.8	0.6	21.2	1.3	210	5.9	342	−8.89	−53.96	2020/7/20	涌突水①

续表 5.3

取样地点	K⁺/(mg·L⁻¹)	Na⁺/(mg·L⁻¹)	Ca²⁺/(mg·L⁻¹)	Mg²⁺/(mg·L⁻¹)	Sr²⁺/(mg·L⁻¹)	SO₄²⁻/(mg·L⁻¹)	Cl⁻/(mg·L⁻¹)	HCO₃⁻/(mg·L⁻¹)	NO₃⁻/(mg·L⁻¹)	TDS/(mg·L⁻¹)	$\delta^{18}O$/‰	δD/‰	取样日期(年/月/日)	备注
孟家陵落水洞	3.4	0.8	36.8	1.4	1.2	7.8	0.5	120	2.3	174	−10.84	−69.39	2020/7/26	涌突水②
右洞涌水点	1.5	1.3	66.6	9.7	1.1	27.0	0.9	251	1.1	339	−8.75	−52.21	2020/7/26	涌突水②
左洞南侧开孔	1.4	1.3	65.8	9.3	1.0	23.1	0.9	235	2.1	323	−8.80	−52.06	2020/7/26	涌突水②
响龙洞	0.7	1.7	75.2	7.7	0.8	20.1	1.4	253	6.2	354	−9.05	−53.70	2020/7/26	涌突水②
右洞涌水点	2.8	2.1	61.8	9.9	2.1	24.3	1.0	214	2.1	305	−8.65	−54.39	2020/7/30	停止涌水
左洞南侧盲沟	3.6	11.3	55.1	8.4	3.3	41.7	1.5	181	1.9	277	−8.56	−56.48	2020/7/30	停止涌水
响龙洞	0.6	1.5	70.6	6.3	0.5	17.2	1.2	231	5.9	329	−8.51	−55.26	2020/7/30	停止涌水
右洞北侧	0.9	2.8	56.7	3.5	0.5	14.1	0.8	211	3.5	293	−8.82	−55.11	2020/8/10	停止涌水
右洞南侧盲沟	1.5	10.5	54.4	3.8	0.6	22.1	1.1	210	3.2	307	−8.92	−55.70	2020/8/10	停止涌水
左洞北侧盲沟	6.0	24.6	44.0	9.8	3.9	61.9	1.8	185	0.6	334	−9.01	−57.61	2020/8/10	停止涌水
左洞南侧盲沟	4.8	28.9	43.2	7.8	3.8	57.0	2.0	190	1.1	336	−8.92	−58.00	2020/8/10	停止涌水
响龙洞	0.7	2.2	63.9	7.2	0.5	19.5	1.3	250	6.7	352	−8.70	−54.95	2020/8/10	停止涌水

5.2.2.2 隧道间歇性涌突水来源

1) 涌水量与降雨量的响应关系

根据 2020 年 7—12 月峡口隧道的涌突水量分析,涌水量对降雨的响应十分灵敏,涌水过程曲线对降雨事件呈现出暴涨暴落的脉冲特点(图 5.1)。一般在降雨峰值时刻的 8~15h 之后即可达到涌水量峰值,随后涌水量呈现出一个快速衰减的过程,直至涌水停止。

根据 5 次典型的涌突水响应过程,计算得出 5 次涌突水事件中的单次涌水总量与单次降雨量的关系(表 5.4)。随着单次降雨量的增加,单次涌水总量呈现出线性增加的趋势,线性相关性显著(图 5.7),表明每次间歇性发生的涌突水主要为当次降雨补给产生,间接说明隧道涌水点在中途截断了降雨补给至含水层的通道,形成了降雨-径流型的间歇性涌水事件,这为涌水量的预测提供了基础。

表 5.4 涌水量的观测与模拟分析

编号	降雨日期(年/月/日)	降雨量/mm	观测涌水量/m³	模拟涌水量/m³	误差	NSE	补给系数
①	2020/7/16—18	54	432 702	450 786	0.04	0.52	0.49
②	2020/7/25—26	35	249 006	255 228	0.02	0.68	0.44
③	2020/10/1—6	140	1 229 861	1 361 209	0.11	0.89	0.54
④	2020/10/14—15	13	147 946	166 075	0.12	0.81	0.70
⑤	2020/11/17—24	83	748 837	706 616	−0.06	0.72	0.55
平均		65	561 670	587 983	0.05	0.72	0.53

注:误差=(模拟涌水量-观测涌水量)/观测涌水量,补给系数的计算基于补给面积(16.3km²)。

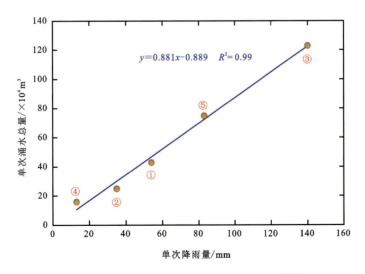

图 5.7 单次降雨量与单次涌水总量的关系曲线

随着涌突水过程的持续,携带出大量的泥沙和块石,对涌水通道不断地掏蚀和冲刷,涌水过程在不断地改造径流通道,这也是 7 月 30 日涌水通道突然堵塞后又被再次冲开的原因。

2)水文地球化学特征

在 2020 年 7 月第①次和第②次涌水事件中,隧道右洞涌水点与左洞侧壁开孔渗水和各盲沟排水的水化学和氢氧同位素组成十分相似,为典型的岩溶水化学特征,表明右洞涌水和左洞排水均来自同一水源,此时隧道左右洞均处于充水状态,与 2014 年 8 月通风斜井涌水期的充水状态相似。由此说明,每当强降雨发生时,隧道洞身的上方均会出现地下水位抬高,使隧道洞室四周处于充水状态,地下水同时向左右洞 4 个盲沟进行排泄。当降雨停止后,隧道涌水段上方的地下水位不断衰退,右洞隧道涌水逐渐停止;则左洞盲沟接收到的岩溶水排泄也越来越少,水化学特征逐渐显示出侏罗系裂隙水的特点,Na^+ 和 SO_4^{2-} 等离子浓度显著升高(表 5.3)。7 月 30 日右洞涌水点流量瞬间减小后,左洞南侧盲沟排泄的地下水中 Na^+ 和 SO_4^{2-} 等离子浓度也显著升高,进一步说明此次突涌水过程的急停是由右洞上方岩溶管道的堵塞造成的,此时洞室上方不再处于充水状态,与稳定排水状态类似。

涌水点及隧道盲沟排水的氢氧同位素均落在当地大气降水线附近,表明涌突水及排水均来源于当地大气降水。7 月 26 日孟家陵落水洞口汇流的氢氧同位素组成极为偏负(表 5.3),代表了此次降水的同位素组成特征。通过 2020 年 7 月 26—30 日的涌水点取样发现,涌水过程初期的重同位素较富集,涌水量峰值过后,出现了氧同位素的极低值,表明此时混合了较大比例的具有较轻同位素组成的降雨。随后,氢同位素呈现下降趋势,而氧同位素呈现出上升的趋势,氧同位素表现出一定的"氧漂移"现象(图 5.8),表明在涌水过程后期,基流混合比例升高,基流在较长时间的水岩作用下,地下水中的氧同位素与碳酸盐的氧同位素发

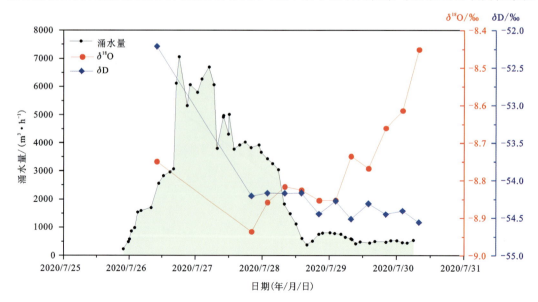

图 5.8 右洞涌水点过程中采样的氢氧同位素变化曲线

生了一定程度的交换,导致重同位素富集。这一现象说明,在涌突水的峰值期,整体同位素值最为偏负,此次降雨对涌水量峰值起到主要的贡献;而到后期,岩溶水系统中基流的混合比例逐渐增高。结合隧道右洞北侧盲沟排水长期不断流的特点,表明峡口隧道整体位于峡口岩溶水系统的饱水带附近,因此在涌突水状态下仍会有其他细小径流通道汇集的慢速基流进行混合。

5.3 岩溶涌突水过程模拟与预测

在峡口隧道涌突水量模拟过程中,对 2.3 节介绍的岩溶水动态模拟方法和补给面积估算方法进一步进行应用实践,这是利用人工排泄点对该方法的验证。首先通过涌水量过程的监测,对模型参数进行估算;然后计算有效补给降雨量,对涌水过程进行模拟,通过模型调参来获得最优参数;最后利用最优参数来估算峡口隧道集中涌水点的汇水范围(图 5.9)。

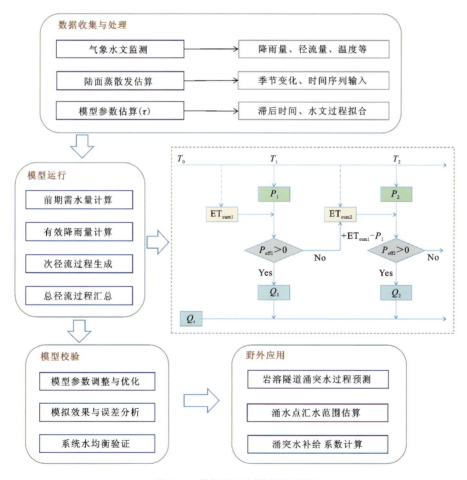

图 5.9 数据处理与模拟流程图

5.3.1 模型参数估算

τ值可以通过统计涌突水事件的滞后时间得到,在此将滞后时间定义为从降雨峰值时间到涌突水峰值时间的延迟。从图 5.1 中选取典型的涌突水峰值和相应的降雨峰值来计算延迟时间(表 5.5)。这些涌突水事件响应速度快,流量峰值出现在降雨峰值后的 9.4h 左右。τ值范围为 0.44~0.81d,平均值为 0.59d。对于不同峰值流量的水文响应过程,水文过程曲线的 τ值可能略有不同,但总体变化较小。这些统计数据获得的 τ值(表 5.5)为径流模拟提供了一个初始参考值。

表 5.5 模型参数 τ 值的估算

降雨峰值时刻	涌水峰值时刻	滞后时间/h	τ 估算值/h	τ 估算值/d
2020/07/18 11:00	2020/07/18 21:00	10.0	15.0	0.62
2020/07/26 12:00	2020/07/26 18:00	6.0	9.0	0.38
2020/07/28 16:00	2020/07/29 00:00	8.0	12.0	0.50
2020/10/02 11:00	2020/10/03 00:00	13.0	19.5	0.81
2020/10/05 14:00	2020/10/05 21:00	7.0	10.5	0.44
2020/10/15 20:00	2020/10/16 03:00	7.0	10.5	0.44
2020/11/18 11:00	2020/11/18 23:00	12.0	18.0	0.75
2020/11/21 07:00	2020/11/21 19:00	12.0	18.0	0.75
平均值		9.4	14.1	0.59

注:τ估算值等于 1.5 倍的滞后时间。

5.3.2 涌突水过程模拟与预测

基于 5 个典型涌突水事件,计算了涌突水总量与降雨事件的关系(表 5.4)。随着累积降雨量的增加,涌突水总量成比例增加。涌突水事件主要由近期的降雨补给引发(图 5.1),这些涌突水点揭露了降雨补给进入含水层的通道,产生了降雨-径流型的水文响应过程。隧道突水过程的量级高度依赖于降雨的强度(图 5.1),因此可以使用降雨-径流模型来模拟这种情况下的隧道涌突水。

在涌突水量过程模拟中,为了计算有效补给降雨量,需要估算累积蒸散发损失。本研究以研究区多年平均蒸散发量的年分布曲线为参考(Luo et al. 2016b),计算每次降雨事件的有效降雨量。

在模型运行过程中,小时的蒸散发量数据嵌入模型中,用于计算降雨前的累积蒸散发量损失。有效降雨量是从小时降雨量中减去以前的需水量后计算得出的。每个时间步长的有效降雨输入生成单个水文脉冲。在长时间尺度上,全过程曲线由所有单次脉冲过程线叠加而成(图

5.9)。当调整模型参数获得最大 NSE 后,可以确定该岩溶水系统的最优 τ 值和 M 值。

以 2020 年 7 月至 2020 年 12 月的小时降雨数据为输入,将观测得到的 5 次涌突水过程用于模型测试和校准(图 5.10)。优化后得到的最佳 M 值为 $0.075 \times 10^{-3} \mathrm{m^2/s}$,最佳 τ 值为 0.45d(Luo et al., 2022)。

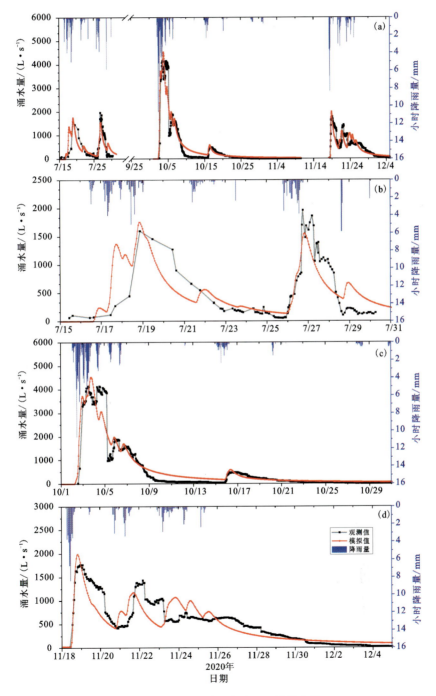

图 5.10　峡口隧道涌突水过程模拟曲线

从模拟结果可以看出,该模型准确地识别了每次涌突水事件的上涨和衰退过程,特别是精确模拟了峰值流量的时间和量级(图 5.10)。在 7 月 16 日的突水过程中,由于人工测量的时间精度不够,可能漏测了多个涌突水峰值,因此模拟的涌突水过程形态差异较大。在其他涌突水过程的模拟曲线中,多峰形态均取得了较好的模拟效果(图 5.10)。

该模型可以准确模拟强降雨后小流域的水文过程曲线(Criss and Winston,2003)。但与小流域中快速响应的地表径流不同,岩溶水系统通常由岩溶管道和裂缝组成,这会使流量衰减速度变慢。在衰退过程的模拟中,例如 7 月 20 日、7 月 28 日和 11 月 20 日,模拟流量与观测值匹配程度不佳,模型值略低于观测值(图 5.10)。岩溶水系统中的这些储水功能无法在该模型中充分考虑,这可能是衰减过程模拟效果较差的主要原因。

5.3.3 模型校验

对于模型验证,5 次涌突水事件模拟得到的最优 NSE 为 0.52～0.89,平均 NSE 为 0.72,表明模型校正效果良好,拟合度高。具体来说,7 月 16 日的突水事件,由于短期内收集的流量数据有限,NSE 值为 0.52;对于 7 月 25 日和 11 月 17 日的涌突水事件,NSE 为 0.68～0.72,说明模拟结果较为可靠;10 月 1 日涌突事件的 NSE 值为 0.89,说明模拟的结果十分理想。

对每个事件的模拟进水量进行了误差分析。单次模拟涌突水量与实际观测涌突水量的误差在 −0.06～0.12 之间,平均误差为 0.05,说明对总体涌突水的预测较好(表 5.4)。观测值与模拟值之间存在良好的线性关系,数据落在 1∶1 线附近(图 5.11),显示出良好的相关性。

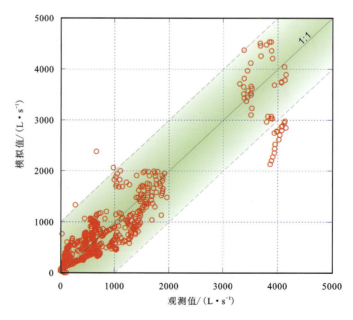

图 5.11 峡口隧道涌突水量观测值与模拟值的对比

5.4 涌水点汇水范围估算

为模拟峡口隧道涌突水过程,在模型中设置涌水点的汇水面积为未知参数,通过调整 M 值和 τ 值获得理想的模拟结果。两个最优模型参数值可用于估算集中涌水点的汇水面积[式(2.5)]。利用最优模型参数 M 值和 τ 值,估算得到峡口隧道集中涌水点的汇水范围面积为 $16.3 km^2$。在圈定汇水范围并获得该流域内的降水后,根据水平衡原理计算得出降水入渗补给系数。单次涌突水事件的补给系数为 0.44~0.70(表 5.4),平均约 53% 的总降雨量转化为峡口隧道的涌水水量,说明峡口隧道区的补给条件非常好,涌突水的风险很高。

岩溶水系统汇水范围的确定对于涌突水量评价非常重要,对评估涌突水风险具有重要意义。在缺乏数据的岩溶山区,难以确定岩溶水系统的补给面积,通常需要水文地质调查、地球物理勘探、人工示踪试验或水文地球化学分析来综合确定。对于深埋藏的隧道,由于地质环境条件复杂,许多方法可能不适用,而本书提出的岩溶水系统补给面积估算方法为其他类似案例研究提供了一种新的参考。

在许多情况下,可能收集到了一定时间序列的径流数据或涌突水数据,则 M 值和 τ 值可以通过模拟和校准观测到的水文过程曲线来获得,这些优化的参数可以用来估算补给面积。校正后的降雨-径流模型可用于预测任何给定降雨事件下的涌突水状况。因此,统计降雨事件的分布规律,可用于预测任何给定重现期的涌突水量,这对隧道涌突水的防治工程设计非常有价值。

后 记

我们一直试图给岩溶水讲一个完整的故事,或者叫"一滴水在岩溶水系统中的旅程",但在本书成稿之后,又仍然感觉这个故事中还可以有更多有趣的情节。

结构决定功能。水文地质结构分析是开展后续水文地质工作及相关问题研究的基础。岩溶水系统结构恰巧又是孔隙水、裂隙水、岩溶水三类地下水类型中最为复杂的。很多岩溶水相关的问题得不到很好的解决,问题就出在岩溶水系统结构没有认识清楚。岩溶水系统结构在不同的自然地理和地质背景条件下,呈现出极大的差异性,在不同地区开展工作也需要因地制宜地选择合适的方法。岩溶水系统空间异质性的刻画是结构调查与研究中的难点,如何提升结构刻画的准确度和精度,以及研发更为适用的调查与刻画方法,仍是我们需要付出长期努力的方向。岩溶水系统结构对其功能的决定作用,表现在其水量、水质、水热等多要素在时空分布上的差异性。同时利用这些要素的动态差异,也可以反过来推断岩溶水系统内部的结构特征,不过这得出的往往仍然是一个"黑箱"或"灰箱"的结果。如何把岩溶水系统的内部结构变成一个"白箱",可能在思路与方法上都需要新的突破。

岩溶水的水量或水动力条件研究,是岩溶水文地质最初始和最根本的任务,主要服务岩溶水资源的开发与保护。岩溶区的结构性缺水、岩溶洼地的旱涝急转等问题,仍然是岩溶水资源面临的主要问题。岩溶水的水量问题,不应该只是地下水科学的问题,同时应该属于水文学的范畴。岩溶洼地产汇流过程的实质是坡面产流和渠道汇流过程,这一部分构成了南方岩溶水的重要补给来源。岩溶地下河汇流过程与地表水系汇流过程也极为相似。地下河往往也发育有地下水系结构,如同地表河流一样,会产生响应非常快速的地下洪水过程。从地表水与地下水的转化角度考虑,落水洞和地下河出口等形态的存在,往往提供了地表水与地下水相互转化的出入口,使得岩溶区的地表水与地下水转换非常频繁,甚至难以准确地区分。因此,在岩溶水文过程或水动力过程的研究中,将流域水文学与水文地质学的知识进行有机结合,将流域水循环作为一个整体来考虑,也许能为岩溶水资源方面的研究提供更适用的成果。

地下水环境与地下水生态是当前地下水科学研究中的热点,但这都脱离不了地下水动力学过程。岩溶水中的生态与环境问题是十分敏感的,因此相关的研究也有不少。但特殊之处在于,岩溶水系统内部结构复杂,岩溶水的溶质、污染物及相关水生态指标等会经历与孔隙水极为不同的水动力、水文地球化学或生物地球化学过程。我们对于岩溶水系统中溶质运移的研究也许还很不全面,发生在岩溶水中的溶质运移可能会经历稀释、吸附-解析、暂态储存、交换等系列过程,而且在与地下河沉积物协同运移过程中,可能会发生多种水文或生物地球化学过程。目前很难把这些错综复杂的过程都考虑全面,但如果能尽量多考虑不同的作用或者相互影响机理，相信这将为岩溶水溶质运移研究提供许多新的认识。

热或温度是地下水中一种重要的信息载体。在地热研究中，地下水的温度研究案例很多，相关理论也较成熟。在较为开放的浅层岩溶水系统中，温度的时空变化很明显，这一重要信号可以作为揭示水循环规律或反演岩溶水系统结构的重要证据。但受限于岩溶水运动的复杂性，岩溶水常常呈现出非稳定流，补给过程也不连续，岩溶管道可能经常在饱和与非饱和之间切换，导致岩溶管道和裂隙等多重介质中的热传递过程刻画存在不少挑战。但如果能利用好温度这一较为容易获取的监测指标，将温度作为一种示踪剂，对于揭示岩溶水循环及岩溶水系统结构能起到很好的帮助。

在工程水文地质的应用研究中，岩溶水是个主战场。岩溶区的地下工程建设或矿产开发活动，都难以回避岩溶水害问题，这关乎到生命财产安全及经济社会发展，具有很强的社会效应和经济效应。针对岩溶水害问题的防治，其关键还是岩溶水系统结构的刻画及水文过程的识别。只要能回答清楚岩溶水的来龙去脉，地下水害防治的问题就能迎刃而解。由于工程水文地质问题涉及的后果重大，所以下结论时需要格外谨慎。这就促使我们需要用更为可靠的方法及更多的证据来佐证结论。地下水流系统理论中关于多信息渠道验证的思路与方法，对于岩溶区工程水文地质问题的相关调查研究工作具有重要的推广与借鉴价值。从理论研究走向应用实践，如何将岩溶水文地质的理论研究成果服务于具体的工程案例研究，尤其是找到适用于不同案例场景的调查研究方法，并提高野外条件识别的准确性，是岩溶水文地质应用研究中值得不断深化的方向。

我总在想，如果我是一滴水，是从哪儿来，要到哪儿去，要经历怎样曲折的历程，才能到达终点。道路虽然曲折，但沿途风景无数。岩溶水的研究大概也是如此。

总的来说，我们不想这本书仅仅是香溪河的一个续集，而是想把它作为一个新的起点。因为，在岩溶领域，还有广阔天地！

主要参考文献

艾宁,刘广亮,朱清科,等,2018.基于土壤前期含水量-降雨耦合关系的陕北黄土坡面产流临界降雨值[J].中国水土保持科学,16(5):23-29.

曹建华,蒋忠诚,袁道先,等,2017.岩溶动力系统与全球变化研究进展[J].中国地质,44(5):874-900.

常威,谭家华,黄琨,等,2020.地下水多元示踪试验在岩溶隧道水害预测中的应用:以张吉怀高铁兰花隧道为例[J].中国岩溶,39(3):400-408.

陈静,罗明明,廖春来,等,2019.中国岩溶湿地生态水文过程研究进展[J].地质科技情报,38(6):221-230.

陈萍,王明章,2015.基于地下水开发的岩溶地下水系统类型划分方案探讨[J].中国岩溶,34(3):234-237.

陈余道,宋晓薇,蒋亚萍,等,2014.岩溶地下河系统石灰石对 BTEX 的吸附动力学和热力学[J].地学前缘,21(4):180-185.

邓铭哲,2018.黄陵背斜及邻区构造建模[D].北京:中国地质大学(北京).

范威,王川,金晓文,等,2015.吉莲高速公路钟家山隧道涌突水条件分析[J].水文地质工程地质,42(2):38-43,51.

范威,于瑶,江越潇,等,2020.湖北省地下水流系统划分研究[J].资源环境与工程,34(4):565-570.

郭芳,姜光辉,蒋忠诚,2006.中国南方岩溶石山地区不同岩溶类型的地下水与环境地质问题[J].地质科技情报(1):83-87.

郭芳,姜光辉,于奭,等,2016.地下河不同流量状态下溶质运移的参数及模拟[J].南京大学学报(自然科学),52(3):496-502.

郭星星,吕春娟,陈丹,等,2019.降雨强度和坡度对裸露铁尾矿砂坡面产流产沙的影响[J].水土保持学报,33(2):23-29.

郭绪磊,2019.基于 SAC 改进模型的岩溶流域降水-径流过程模拟研究:以宜昌泗溪流域为例[D].武汉:中国地质大学(武汉).

郭绪磊,陈乾龙,黄琨,等,2020.宜昌潮水洞岩溶间歇泉动态特征及成因[J].地球科学,45(12):4524-4534.

郭绪磊,朱静静,陈乾龙,等,2019.新型地下水流速流向测量技术及其在岩溶区调查中的应用[J].地质科技情报,38(1):243-249.

郭绪磊,周宏,罗明明,等,2022.黄陵穹隆周缘岩溶水流系统特征及成因[J].地质科技通报,41(1):328-340.

韩行瑞,2015.岩溶水文地质学[M].北京:科学出版社.

黄朝琴,高博,姚军,2014.Stokes-Darcy 耦合流动问题的交界面条件研究[J].中国科学:物理学力学天文学,44(2):212-220.

黄荷,罗明明,陈植华,等,2016.香溪河流域大气降水稳定氢氧同位素时空分布特征[J].水文地质工程地质,43(4):36-42.

黄俊,吴普特,赵西宁,2011.多参数非线性降雨产流阈值模型试验研究[J].北京林业大学学报,33(1):84-89.

黄佩奇,陈金如,2011.非匹配网格上 Stokes-Darcy 模型的非协调元方法及其预条件技术[J].计算数学,33(4):397-408.

霍建光,赵春红,梁永平,等,2015.娘子关泉域径流-排泄区岩溶水污染特征及成因分析[J].地质科技情报,34(5):147-152.

计顺顺,刘建刚,吴悦,等,2017.岩溶管道和溶蚀裂隙示踪曲线特征室内实验对比研究[J].勘察科学技术,(4):11-14,25.

季怀松,罗明明,褚学伟,等,2020.岩溶洼地内涝蓄水量与不同级次裂隙对溶质迁移影响的室内实验与模拟[J].地质科技通报,29(5):164-172.

江成鑫,赵江,张洪文,2021.复杂岩溶条件下锰矿尾矿库地下水溶质运移特征数值模拟研究[J].中国环境监测,37(1):95-102.

姜光辉,吴吉春,郭芳,等,2008.森林覆盖的喀斯特地区表层岩溶带的产流阈值[J].水科学进展,19(1):72-77.

蒋建清,程超,蔡晶垚,等,2017.一种自循环式人工降雨模拟装置降雨特性的试验研究[J].湖南城市学院学报(自然科学版),26(2):1-5.

李锋瑞,1998.干旱农业生态系统研究[M].西安:陕西科学技术出版社.

李庆松,李兆林,裴建国,等,2008.马山东部岩溶洼地谷地内涝特征与治理规划[J].中国岩溶,27(4):359-365.

李潇,漆继红,许模,2020.西南典型紧窄褶皱小尺度浅层岩溶水系统特征及隧道涌水分析[J].中国岩溶,39(3):375-383.

李小雁,龚家栋,高前兆,2001.人工集水面临界产流降雨量确定实验研究[J].水科学进展,12(4):516-522.

李阳兵,罗光杰,白晓永,等,2014.典型峰丛洼地耕地、聚落及其与喀斯特石漠化的相互关系:案例研究[J].生态学报,34(9):2195-2207.

梁杏,张婧玮,蓝坤,等,2020.江汉平原地下水化学特征及水流系统分析[J].地质科技通报,39(1):21-33.

梁杏,张人权,靳孟贵,2015.地下水流系统:理论,应用,调查[M].北京:地质出版社.

廖春来,罗明明,周宏,2020.鄂西岩溶槽谷区岩溶洼地的水位响应特征及产流阈值估算[J].中国岩溶,39(6):802-809.

林传年,李利平,韩行瑞,2008.复杂岩溶地区隧道涌水预测方法研究[J].岩石力学与工程学报,27(7):1469-1476.

罗利川,梁杏,李扬,等,2018.基于GMS的岩溶山区三维地下水流模式识别[J].中国岩溶,37(5):680-689.

罗明明,2017.南方岩溶水循环的物理机制与数学模型研究-以香溪河岩溶流域为例[D].武汉:中国地质大学(武汉).

罗明明,黄荷,尹德超,等,2015a.基于水化学和氢氧同位素的峡口隧道涌水来源识别[J].水文地质工程地质,42(1):7-13.

罗明明,尹德超,张亮,等,2015b.南方岩溶含水系统结构识别方法初探[J].中国岩溶,34(6):543-550.

罗明明,季怀松,2022.岩溶管道与裂隙介质间溶质暂态存储机制[J].水科学进展,33(1):145-152.

罗明明,肖天昀,陈植华,等,2014.香溪河岩溶流域几种岩溶水系统的地质结构特征[J].水文地质工程地质,41(6):13-19,25.

罗明明,周宏,陈植华,2018.香溪河流域岩溶水循环规律[M].北京:科学出版社.

罗明明,周宏,郭绪磊,等,2021.峡口隧道间歇性岩溶涌突水过程及来源解析[J].地质科技通报,40(6):246-254.

闵佳,2019."渗流—管流耦合模型"的物理模拟及数值模拟[D].北京:中国地质大学(北京).

牛子豪,束龙仓,林欢,等,2017.不同补给条件下裂隙-管道介质间水流交换的示踪试验研究[J].水文地质工程地质,44(3):6-11.

潘晓东,梁杏,唐建生,等,2015.黔东北高原斜坡地区4种岩溶地下水系统模式及特点:基于地貌和蓄水构造特征[J].地球学报,36(1):85-93.

束龙仓,张颖,鲁程鹏,2013.管道-裂隙岩溶含水介质非均质性的水文效应[J].南水北调与水利科技,11(1):115-121.

孙晨,束龙仓,鲁程鹏,等,2014.裂隙-管道介质泉流量衰减过程试验研究及数值模拟[J].水利学报,45(1):50-57,64.

孙欢,刘晓丽,王恩志,等,2020.碳酸盐岩破裂过程中管道—裂隙水非线性流动特性试验研究[J].中国岩溶,39(4):500-508.

腾强,王明玉,王慧芳,2014.裂隙管道网络物理模型水流与溶质运移模拟试验[J].中国科学院大学学报,31(1):54-60.

王焰新,杜尧,邓娅敏,等,2022.湖底地下水排泄与湖泊水质演化[J].地质科技通报,41(1):1-10.

夏青,姜光辉,李科,等,2007.桂林峰丛洼地岩溶动力系统CO_2特征及变化规律[J].地质科技情报(5):79-82.

徐大良,彭练红,刘浩,等,2013.黄陵背斜中新生代多期次隆升的构造-沉积响应[J].华南地质与矿产,29(2):90-99.

徐铭泽,杨洁,刘窑军,等,2018.不同母质红壤坡面产流产沙特征比较[J].水土保持学报,32(2):34-39.

杨平恒,罗鉴银,彭稳,等,2008.在线技术在岩溶地下水示踪试验中的应用:以青木关地下河系统岩口落水洞至姜家泉段为例[J].中国岩溶,27(3):215-220.

杨杨,赵良杰,苏春田,等,2019.基于CFP的岩溶管道流溶质运移数值模拟研究[J].水文地质工程地质,46(4):51-57.

尹德超,罗明明,张亮,等,2016.基于流量衰减分析的次降水入渗补给系数计算方法[J].水文地质工程地质,43(3):11-16.

尹德超,罗明明,周宏,等,2015.鄂西岩溶槽谷区地下河系统水资源构成及其结构特征[J].水文地质工程地质,42(3):13-18,26.

于正良,杨平恒,谷海华,等,2014.基于在线高分辨率示踪技术的岩溶泉污染来源及含水介质特征分析:以重庆黔江区鱼泉坎为例[J].中国岩溶,33(4):498-503.

袁道先,2015.我国岩溶资源环境领域的创新问题[J].中国岩溶,34(2):98-100.

袁道先,戴爱德,蔡五田,等,1996.中国南方裸露型岩溶峰丛山区岩溶水系统及其数学模型的研究[M].桂林:广西师范大学出版社.

袁道先,等,1994.中国岩溶学[M].北京:地质出版社.

袁道先,蒋勇军,沈立成,等,2016.现代岩溶学[M].北京:科学出版社.

张春艳,束龙仓,程艳红,等,2020.落水洞水位对水文情景响应变化的试验研究[J].人民黄河,42(6):46-52.

张亮,陈植华,周宏,等,2015.典型岩溶泉水文地质条件的调查与分析:以香溪河流域白龙泉为例[J].水文地质工程地质,42(2):31-37.

张人权,梁杏,靳孟贵,等,2018.水文地质学基础[M].7版.北京:地质出版社.

张蓉蓉,束龙仓,闵星,等,2012.管道流对非均质岩溶含水系统水动力过程影响的模拟[J].吉林大学学报(地球科学版),42(S2):386-392.

张婉婷,2016.鄂西黄陵断穹北部区域岩溶水系统特征及隧道工程适宜性探析[D].成都:成都理工大学.

张信宝,刘彧,王世杰,等,2018.黄河、长江的形成演化及贯通时间[J].山地学报,36(5):661-668.

张雪梅,2019.岩溶裂隙-管道水动力弥散特征室内模拟研究[D].贵阳:贵州大学.

张雪梅,周小姣,褚学伟,等,2019.集中式补给-排泄的组合裂隙溶质运移模拟试验[J].水利科技与经济,25(2):34-40.

赵诚,1996.长江三峡河流袭夺与河流起源[J].长春地质学院学报(4):69-74.

赵良杰,2019.岩溶裂隙-管道双重含水介质水流交换机理研究[D].北京:中国地质大学(北京).

赵小二,2018.溶潭和流速对岩溶管道溶质运移的影响模拟研究[D].南京:南京大学.

赵小二,常勇,彭伏,等,2017.水箱-管道系统溶质运移实验研究及其岩溶水文地质意义[J].吉林大学学报(地球科学版),47(4):1219-1228.

赵小二,常勇,吴吉春,2020.岩溶地下河污染物运移模型对比研究[J].环境科学学报,40(4):1250-1259.

朱彪,陈喜,张志才,等,2019.西南喀斯特流域枯季地下水电导率特征及水-岩作用分析[J].地球与环境,47(4):459-463.

祝安,祝进,张朝晖,2000.喀斯特流域水系分形、分维问题[J].贵州师范大学学报(自然科学版)(4):5-8.

邹胜章,杨苗清,陈宏峰,等,2019.地下河系统水动态监测网络优化对比分析:以桂林海洋-寨底地下河系统为例[J].地学前缘,26(1):326-335.

AMIT H,LYAKHOVSKY V,KATZ A,et al.,2002. Interpretation of spring recession curves[J]. Ground Water,40(5):543-51.

BAILLY-COMTE V,MARTIN J B,JOURDE H,et al.,2010. Water exchange and pressure transfer between conduits and matrix and their influence on hydrodynamics of two karst aquifers with sinking streams[J]. Journal of Hydrology,386(1):55-66.

BAILLY-COMTE V,PISTRE S,2021. A parsimonious approach for large-scale tracer test interpretation[J]. Hydrogeology Journal,29(4):1539-1550.

BARBERá J A,ANDREO B,2015. Chemical,thermal and isotopic evidences of water mixing in the discharge area of torrox karst spring(southern Spain)[M]. Berlin Heidelberg:Springer.

BAUER S,LIEDL R,SAUTER M,2003. Modeling of karst aquifer genesis:influence of exchange flow[J]. Water Resources Research,39(10):1285.

BEAVERS G S,JOSEPH D D,1967. Boundary conditions at a naturally permeable wall[J]. Journal of Fluid Mechanics,30(1):197-207.

BENCALA,KENNETH E,1983. Simulation of solute transport in a mountain pool-and-riffle stream with a kinetic mass transfer model for sorption[J]. Water Resources Research,19(3):732-738.

BENISCHKE R,2021. Review:Advances in the methodology and application of tracing in karst aquifers[J]. Hydrogeology Journal,29(1):67-88.

BERKOWITZ B,CORTIS A,DENTZ M,et al.,2006. Modeling non-Fickian transport in geological formations as a continuous time random walk[J]. Reviews of Geophysics,44:1-49.

BERKOWITZ B,DROR I,HANSEN S K,et al.,2016. Measurements and models of reactive transport in geological media[J]. Reviews of Geophysics,54(4):930-986.

BINET S,JOIGNEAUX E,PAUWELS H,et al.,2017. Water exchange,mixing and transient storage between a saturated karstic conduit and the surrounding aquifer:Groundwater flow modeling and inputs from stable water isotopes[J]. Journal of Hydrology,544:278-289.

BIRK S,2002. Characterisation of karst systems by simulating aquifer genesis and spring responses:Model development and application to gypsum karst[R]. Tübingen, Germany:Institute und Museum für Geologie und Paläontologie der Universität Tübingen.

BIRK S,LIEDL R,SAUTER M,2004. Identification of localised recharge and conduit flow by combined analysis of hydraulic and physico-chemical spring responses(Urenbrunnen,SW-Germany)[J]. Journal of Hydrology,286(1-4):179-193.

CEN X Y,XU M,QI J H,et al. ,2021. Characterization of karst conduits by tracer tests for an artificial recharge scheme[J]. Hydrogeology Journal,29(7):2381-2396.

CHANG W,WAN J W,TAN J H,et al. ,2021. Responses of spring discharge to different rainfall events for single-conduit karst aquifers in western Hunan province,China[J]. International journal of environmental research and public health,18(11):5775-577.

CHEN J,LUO M M,MA R,et al. ,2020. Nitrate distribution under the influence of seasonal hydrodynamic changes and human activities in Huixian karst wetland,south China[J]. Journal of Contaminant Hydrology,234:103700-103700.

CHEN Y,ZHU S Y,XIAO S J,2019. Discussion on controlling factors of hydrogeochemistry and hydraulic connections of groundwater in different mining districts[J]. Natural Hazards,99(2):689-704.

CHOLET C,CHARLIER J B,MOUSSA R,et al. ,2017. Assessing lateral flows and solute transport during floods in a conduit-flow-dominated karst system using the inverse problem for the advection-diffusion equation[J]. Hydrology and Earth System Sciences,21(7):3635-3653.

CHU X W,DING H H,ZHANG X M,2021. Simulation of solute transport behaviors in saturated karst aquifer system[J]. Scientific Reports,11(1):15614-15614.

CORTIS A,BERKOWITZ B,2005. Computing "anomalous" contaminant transport in porous media:the Ctrw Matlab toolbox[J]. Ground Water,43(6):947-50.

COVINGTON M D,LUHMANN A J,WICKS C M,et al. ,2012. Process length scales and longitudinal damping in karst conduits[J]. Journal of Geophysical Research:Earth Surface,117:F01025.

COVINGTON M D,WICKS C M,SAAR M O,2009. A dimensionless number describing the effects of recharge and geometry on discharge from simple karstic aquifers[J]. Water Resources Research,45(11):W11410. 1-W11410. 1.

COVINGTON,M D,LUHMANN A J,GABROVEK F,et al. ,2011. Mechanisms of heat exchange between water and rock in karst conduits[J]. Water Resources Research,47(10):w10514.

CRISS R E, WINSTON W E, 2003. Hydrograph for small basins following intense storms[J]. Geophysical Research Letters, 30(6): 1314-1318.

CRISS R E, WINSTON W E, 2008. Discharge predictions of a rainfall-driven theoretical hydrograph compared to common models and observed data[J]. Water Resources Research, 44(10): 297-297.

DEWAIDE L, BONNIVER I, ROCHEZ G, et al., 2016. Solute transport in heterogeneous karst systems: dimensioning and estimation of the transport parameters via multi-sampling tracer-tests modelling using the OTIS (one-dimensional transport with inflow and storage) program[J]. Journal of Hydrology, 534: 567-578.

DEWAIDE L, COLLON P, POULAI N, et al., 2018. Double-peaked breakthrough curves as a consequence of solute transport through underground lakes: a case study of the Furfooz karst system, Belgium[J]. Hydrogeology Journal, 26(2): 641-650.

DEWANDEL B, LACHASSAGNE P, BAKALOWICZ M, et al., 2003. Evaluation of aquifer thickness by analysing recession hydrographs: Application to the Oman ophiolite hard-rock aquifer[J]. Journal of Hydrology, 274(1): 248-269.

DI MATTEO L D, VALIGI D, CAMBI C, 2013. Climatic characterization and response of water resources to climate change in limestone areas: considerations on the importance of geological setting[J]. Journal of Hydrologic Engineering, 18(7): 773-779.

DING H H, ZHANG X M, CHU X W, et al., 2020. Simulation of groundwater dynamic response to hydrological factors in karst aquifer system[J]. Journal of Hydrology, 587: 124995.

DOUCETTE R, PETERSON E W, 2014. Identifying water sources in a karst aquifer using thermal signatures[J]. Environmental Earth Sciences, 72(12): 5171-5182.

ENEMARK T, PEETERS L J M, MALLANTS D, et al., 2019. Hydrogeological conceptual model building and testing: a review[J]. Journal of Hydrology, 569: 310-329.

FAULKNER J, HU B X, KISH S, et al., 2009. Laboratory analog and numerical study of groundwater flow and solute transport in a karst aquifer with conduit and matrix domains[J]. Journal of Contaminant Hydrology, 110(1): 34-44.

FIELD M S, LEIJ F J, 2012. Solute transport in solution conduits exhibiting multi-peaked breakthrough curves[J]. Journal of Hydrology, 440: 26-35.

FIELD M S, PINSKY P F, 2000. A two-region nonequilibrium model for solute transport in solution conduits in karstic aquifers[J]. Journal of Contaminant Hydrology, 44(3): 329-351.

FORD D, WILLIAMS P D, 2007. Karst hydrology and geomorphology[M]. England: John Wiley & Sons.

FRANK S, NADINE G, MARC O, et al., 2019. Sulfate variations as a natural tracer for conduit-matrix interaction in a complex karst aquifer[J]. Hydrological Processes,33(9):1292-1303.

FU H L,LI J,CHEN,G W,et al.,2021. Semi-analytical solution for water inflow into a tunnel in a fault-affected area with high water pressure[J]. Bulletin of Engineering Geology and the Environment,80(6):5127-5144.

GALLEGOS J J,HU B X,DAVIS H,2013. Simulating flow in karst aquifers at laboratory and sub-regional scales using mudflow-cfp[J]. Hydrogeology Journal,21(8):1749-1760.

GHASEMIZADEH R,HELLWEGER F,BUTSCHER C,et al.,2012. Review:groundwater flow and transport modeling of karst aquifers,with particular reference to the north coast limestone aquifer system of Puerto Rico[J]. Hydrogeology Journal,20(8):1441-1461.

GIL-MÁRQUEZ J M,ANDREO B,MUDARRA M,2019. Combining hydrodynamics, hydrochemistry,and environmental isotopes to understand the hydrogeological functioning of evaporite-karst springs. An example from southern spain[J]. Journal of Hydrology,576:299-314.

GOEPPERT N,GOLDSCHEIDER N,2008. Solute and colloid transport in karst conduits under low-and high-flow conditions[J]. Ground water,46(1):61-68.

GOEPPERT N,GOLDSCHEIDER N,2019. Improved understanding of particle transport in karst groundwater using natural sediments as tracers[J]. Water Research,166:115045.

GOEPPERT N,GOLDSCHEIDER N,BERKOWITZ B,2020. Experimental and modeling evidence of kilometer-scale anomalous tracer transport in an alpine karst aquifer[J]. Water Research,178:115755.

GOLDSCHEIDER N,2008. A new quantitative interpretation of the long-tail and plateau-like breakthrough curves from tracer tests in the artesian karst aquifer of Stuttgart, Germany[J]. Hydrogeology Journal,16(7):1311-1317.

GOLDSCHEIDER N,DREW D,2007. Methods in Karst hydrogeology[M]. London: Taylor & Francis.

GOLDSCHEIDER,N,CHEN Z,AULER A S,et al.,2020. Global distribution of carbonate rocks and karst water resources[J]. Hydrogeology Journal,28(5):1661-1667.

GUNN J,2015. Analysis of groundwater pathways by high temporal resolution water temperature logging in the Castleton karst,Derbyshire,England[J]. Hydrogeological and Environmental Investigations in Karst Systems:227-235.

GUO F,YUAN D,QIN Z,2010. Groundwater contamination in karst areas of southwestern China and recommended countermeasures[J]. Acta Carsologica,39(2):389-399.

HAN D M,XU H L,LIANG X,2006. GIS-based regionalization of a karst water system in Xishan mountain area of Taiyuan basin,north China[J]. Journal of Hydrology,331: 459－470.

HAO L,ZHANG K,TIAN M,et al.,2021. Investigation on pollution sources of a karst underground river in southwest Guizhou[J]. IOP Conference Series:Earth and Environmental Science,861(7):72115.

HARTMANN A,JASECHKO S,GLEESON T,et al.,2021. Risk of groundwater contamination widely underestimated because of fast flow into aquifers[C]//Proceedings of the National Academy of Sciences of the United States of America.

HOU T X,YANG X G,XING H G,et al.,2016. Forecasting and prevention of water inrush during the excavation process of a diversion tunnel at the Jinping II Hydropower Station,China[J]. SpringerPlus,5:700.

HOWELL B A,FRYAR A E,BENAABIDATE L,et al.,2019. Variable responses of karst springs to recharge in the middle atlas region of Morocco[J]. Hydrogeology Journal, 27(5):1693－1710.

HUBBERT M K,1940. The theory of ground-water motion[J]. The Journal of Geology,48:785－944.

INCROPERA F P,DEWITT D P,BERGMAN T L,et al.,2007. Fundamentals of heat and mass transfer(6th)[M]. New York:Wiley.

JAIN B L,SINGH R P,1980. Run-off as influenced by rainfall characteristics,slope and surface treatment of micro-catchments[J]. Annals of Arid Zone,19(1/2):119－125.

JAKADA H,CHEN Z,LUO Z,et al.,2019. Coupling intrinsic vulnerability mapping and tracer test for source vulnerability and risk assessment in a karst catchment based on EPIK method:a case study for the Xingshan county,southern China[J]. Arabian Journal for Science and Engineering,44(1):377－389.

JEANNIN P Y,SAUTER M,1998. Analysis of karst hydrodynamic behaviour using global approaches:A review.[J]. Bull Hydrogéol(Neuchâtel),16:31－48.

JI H S,LUO M M,YIN M S,et al.,2022. Storage and release of conservative solute between karst conduit and fissures using a laboratory analog[J]. Journal of Hydrology, 612:128228.

JIN X G,LI Y Y,LUO Y J,et al.,2016. Prediction of city tunnel water inflow and its influence on overlain lakes in karst valley[J]. Environmental Earth Science,75(16):1162.

KALANTARI N,ROUHI H,2019. Discharge hydraulic behavior comparison of two karstic springs in Kuhe-Safid anticline,Khuzestan,Iran[J]. Carbonates and Evaporites,34 (4):1343－1351.

KAMPF S K,FAULCONER J,SHAW J R,et al.,2018. Rainfall thresholds for flow generation in desert ephemeral streams[J]. Water Resources Research,54(12):9935 - 9950.

KANG F X,ZHAO J C,TAN Z R,et al. ,2021. Geothermal power generation potential in the eastern linqing depression[J]. Acta Geologica Sinica-English Edition,95(6):1870 - 1881.

KANG X B,LUO S,XU M,et al. ,2019. Dynamic estimating the karst tunnel water inflow based on monitoring data during excavation[J]. Acta Carsologica,48(1):117 - 127.

KHOSRONEJAD A,HANSEN A T,KOZAREK J L,et al. ,2016. Large eddy simulation of turbulence and solute transport in a forested headwater stream[J]. Journal of Geophysical Research:Earth Surface,121(1):146 - 167.

KREFT A,ZUBER A,1978. On the physical meaning of the dispersion equation and its solution for different initial and boundary conditions[J]. Chemical Engineering Science,33:1471 - 1480.

KÜRY D,LUBINI V,STUCKI P,2017. Temperature patterns and factors governing thermal response in high elevation springs of the Swiss central Alps[J]. Hydrobiologia,793(1):185 - 197.

LASAGNA M,DE LUCA D A,DEBERNARDI L,et al. ,2013. Effect of the dilution process on the attenuation of contaminants in aquifers[J]. Environmental Earth Sciences,70(6):2767 - 2784.

LAUBER U,GOLDSCHEIDER N,2014. Use of artificial and natural tracers to assess groundwater transit-time distribution and flow systems in a high-alpine karst system(wetterstein mountains,Germany)[J]. Hydrogeology Journal,22:1807 - 1824.

LAUBER U, UFRECHT W, GOLDSCHEIDER N,2014. Spatially resolved information on karst conduit flow from in-cave dye tracing[J]. Hydrology and Earth System Sciences,18:435 - 445.

LI G Q,LOPER D E,KUNG R,2008. Contaminant sequestration in karstic aquifers:experiments and quantification[J]. Water Resources Research,44(2):401 - 422.

LI P Y,WU J H,TIAN R,et al. ,2018. Geochemistry,hydraulic connectivity and quality appraisal of multilayered groundwater in the hongdunzi coal mine,northwest China[J]. Mine Water and the Environment,37(2):222 - 237.

LI S C,ZHOU Z Q,LI L P,et al. ,2013. Risk assessment of water inrush in karst tunnels based on attribute synthetic evaluation system[J]. Tunnelling and Underground Space Technology,38:50 - 58.

LI X,WEN Z,ZHU Q,et al. ,2020. A mobile-immobile model for reactive solute transport in a radial two-zone confined aquifer[J]. Journal of Hydrology,580:124347.

LIEDL R,RENNER S,SAUTER M,1998. Obtaining information about fracture geometry from heat flow data in karst systems[J]. Bulletin d'hydrogéologie,16:143 – 153.

LIN P,LI S C,XU Z H,et al. ,2019. Water inflow Prediction during Heavy Rain While Tunneling through Karst Fissured Zones[J]. International Journal of Geomechanics,19(8):04019093.

LIU D,XU Q,TANG Y,et al. ,2021. Prediction of water inrush in long-lasting shutdown karst tunnels based on the HGWO-SVR model[J]. IEEE Access,9:6368 – 6378.

LIU J,WANG H,JIN D W,et al. ,2020. Hydrochemical characteristics and evolution processes of karst groundwater in carboniferous Taiyuan formation in the Pingdingshan coalfield[J]. Environmental Earth Sciences,79(24):153 – 161.

LONG A J,GILCREASE P C,2009. A one-dimensional heat-transport model for conduit flow in karst aquifers[J]. Journal of Hydrology,378(3):230 – 239.

LU H P,ZHAO C H,LIU Q Q,et al. ,2013. Characteristics and reasons for groundwater pollution of the Qingshuiquan underground river system[J]. Procedia Earth and Planetary Science,7:525 – 528.

LUETSCHER M,JEANNIN P Y,2004. Temperature distribution in karst systems: the role of air and water fluxes[J]. Terra Nova,16(6):344 – 350.

LUHMANN A J,COVINGTON M D,ALEXANDER S C,et al. ,2012. Comparing conservative and nonconservative tracers in karst and using them to estimate flow path geometry[J]. Journal of Hydrology,448:201 – 211.

LUHMANN A J,COVINGTON M D,MYRE J M,et al. ,2015. Thermal damping and retardation in karst conduits[J]. Hydrology and Earth System Sciences,19(1):137 – 157.

LUHMANN A J,COVINGTON M D,PETERS A J,et al. ,2011. Classification of thermal patterns at karst springs and cave streams[J]. Ground Water,49(3):324 – 335.

LUO M M,CHEN J,JAKADA H,et al. ,2022. Identifying and predicting karst water inrush in a deep tunnel,south China[J]. Engineering Geology,305:106716.

LUO M M,CHEN Z H,CRISS R E,et al. ,2016a. Dynamics and anthropogenic impacts of multiple karst flow systems in a mountainous area,south China[J]. Hydrogeology Journal,24(8):1993 – 2002.

LUO M M,CHEN Z H,CRISS R E,et al. ,2016b. Method for calibrating a theoretical model in karst springs:an example for a hydropower station in south China[J]. Hydrological Processes,30(25):4815 – 4825.

LUO M M,CHEN Z H,YIN D C,et al. ,2016c. Surface flood and underground flood in Xiangxi river karst basin:characteristics,models,and comparisons[J]. Journal of Earth Science,27(1):15 – 21.

LUO M M,CHEN Z H,ZHOU H,et al. ,2016d. Identifying structure and function of karst aquifer system using multiple field methods in karst trough valley area,south China[J]. Environmental Earth Sciences,75(9):1-13.

LUO M M,CHEN Z H,ZHOU H,et al.,2018a. Hydrological response and thermal effect of karst springs linked to aquifer geometry and recharge processes[J]. Hydrogeology Journal,26(2):629-639.

LUO M M,ZHOU H,LIANG Y P,et al.,2018b. Horizontal and vertical zoning of carbonate dissolution in China[J]. Geomorphology,322:66-75.

MAJDALANI S,GUINOT V,DELENNE C,et al.,2018. Modelling solute dispersion in periodic heterogeneous porous media:model benchmarking against intermediate scale experiments[J]. Journal of Hydrology,561:427-443.

MANDAL U K,RAO K V,MISHRA P K,et al.,2005. Soil infiltration,runoff and sediment yield from a shallow soil with varied stone cover and intensity of rain[J]. European Journal of Soil Science,56(4):435-443.

MANGA M,2001. Using springs to study groundwater flow and active geologic processes [J]. Annual Review of Earth and Planetary Sciences,29(1):201-228.

MARTIN J B,DEAN R W,2001. Exchange of water between conduits and matrix in the Floridan aquifer[J]. Chemical Geology,179(1):145-165.

MASSEI N,WANG H Q,FIELD M S,et al.,2006. Interpreting tracer breakthrough tailing in a conduit-dominated karstic aquifer[J]. Hydrogeology Journal,14(6):849-858.

MEDICI G,WEST L J,2021. Groundwater flow velocities in karst aquifers:importance of spatial observation scale and hydraulic testing for contaminant transport prediction[J]. Environmental science and pollution research international,28(32):1-14.

MOHAMMADI Z,GHARAAT M J,FIELD M,2019. The effect of hydraulic gradient and pattern of conduit systems on tracing tests:bench-scale modeling[J]. Ground Water,57(1):110-125.

MOHAMMADI Z,ILLMA W A,KARIM M,2018. Optimization of the hydrodynamic characteristics of a karst conduit with CFPv2 coupled to OSTRICH[J]. Journal of Hydrology,567:564-578.

MOHAMMADI Z,ILLMAN W A,FIELD M,2020. Review of laboratory scale models of karst aquifers:approaches,similitude,and requirements[J]. Ground Water,59(2):163-174.

MOLINARI A,PEDRETTI D,FALLICO C,2015. Analysis of convergent flow tracer tests in a heterogeneous sandy box with connected gravel channels[J]. Water Resources Research,51(7):5640-5657.

MORALES T,URIARTE J A,OLAZAR M,et al.,2010. Solute transport modelling in karst conduits with slow zones during different hydrologic conditions[J]. Journal of Hydrology,390(3-4):182-189.

MORALES T,VALDERRAMA I,URIARTE J A,et al. ,2007. Predicting travel times and transport characterization in karst conduits by analyzing tracer-breakthrough curves[J]. Journal of Hydrology,334(1-2):183-198.

MUDARRA M,ANDREO B,MARÍN A I,et al. ,2014. Combined use of natural and artificial tracers to determine the hydrogeological functioning of a karst aquifer:the Villanueva del Rosario system(Andalusia,southern Spain)[J]. Hydrogeology Journal,22:1027-1039.

NASH J E,SUTCLIFFE J V,1970. River flow forecasting through conceptual models part I:a discussion of principles[J]. Journal of Hydrology,10(3):282-290.

NAUGHTON O,MCCORMACK T,GILL L,et al. ,2018. Groundwater flood hazards and mechanisms in lowland karst terrains[J]. Geological Society,London,Special Publications,466(1):397-410.

PANAGOPOULOS G,LAMBRAKIS N,2006. The contribution of time series analysis to the study of the hydrodynamic characteristics of the karst systems:application on two typical karst aquifers of greece(trifilia,almyros crete)[J]. Journal of Hydrology,329(3):368-376.

PERRIN J,LUETSCHER M,2008. Inference of the structure of karst conduits using quantitative tracer tests and geological information:example of the swiss jura[J]. Hydrogeology Journal,16(5):951-967.

PREDIERI S,NORMAN H A,KRIZEK D T,et al. ,1995. Influence of UV-B radiation on membrane lipid composition and ethylene evolution in 'Doyenne d'Hiver' pear shoots grown in vitro under different photosynthetic photon fluxes[J]. Environmental and Experimental Botany,35(2):151-160.

REIMANN T,GEYER T,SHOEMAKER W B,et al. ,2011. Effects of dynamically variable saturation and matrix-conduit coupling of flow in karst aquifers[J]. Water Resources Research,47(11):w11503.1-w11503-19.

RICHTER D,GOEPPERT N,GOLDSCHEIDER N,2022. New insights into particle transport in karst conduits using comparative tracer tests with natural sediments and solutes during low-flow and high-flow conditions[J]. Hydrological Processes,36(1).

RONAYNE M J,2013. Influence of conduit network geometry on solute transport in karst aquifers with a permeable matrix[J]. Advances in Water Resources,56:27-34.

SALLER S P,RONAYNE M J,LONG A J,2013. Comparison of a karst groundwater model with and without discrete conduit flow[J]. Hydrogeology Journal,21(7):1555-1566.

SAUTER M,1992. Quantification and forecasting of regional groundwater flow and transport in a karst aquifer(gallusquelle,malm,sw. germany)[D]. Tübingen:University

Tübingen.

SCHIPERSKI F,ZIRLEWAGEN J,STANGE C,et al.,2022. Transport-based source tracking of contaminants in a karst aquifer:model implementation,proof of concept,and application to event-based field data[J]. Water Research,213:118145-118145.

SCHMIDT S,GEYER T,GUTTMAN J,et al.,2014. Characterisation and modelling of conduit restricted karst aquifers:example of the Auja spring,Jordan valley[J]. Journal of Hydrology,511:750-763.

SCREATON E,MARTIN J B,GINN B,et al.,2004. Conduit properties and karstification in the unconfined Floridan aquifer[J]. Ground Water,42(3):338-346.

SHI S S,BU L,LI S C,et al.,2017. Application of comprehensive prediction method of water inrush hazards induced by unfavourable geological body in high risk karst tunnel:a case study[J]. Geomatics Natural Hazards & Risk,8(2):1-17.

SHIRAFKAN M,MOHAMMADI Z,SIVELLE V,et al.,2021. The effects of exchange flow on the karst spring hydrograph under the different flow regimes:a synthetic modeling approach[J]. Water,13(9):1189-1189.

SHU L C,ZOU Z K,LI F L,et al.,2020. Laboratory and numerical simulations of spatio-temporal variability of water exchange between the fissures and conduits in a karstic aquifer[J]. Journal of Hydrology,590:125219.

SINOKROT B A,STEFAN H G,1993. Stream temperature dynamics:measurements and modeling[J]. Water Resources Research,29(7):2299-2312.

SIVELLE V,LABAT D,2019. Short-term variations in tracer-test responses in a highly karstified watershed[J]. Hydrogeology Journal,27(6):2061-2075.

SMITH D I,ATKINSON T C,DREW D P,1976. The hydrology of limestone terrains[M]. London:In:Ford,T. D.,Cullingford,C. H. D. (Eds.),The Science of Speleology. Academic Press.

SUN Z,MA R,WANG Y X,et al.,2016. Using isotopic,hydrogeochemical-tracer and temperature data to characterize recharge and flow paths in a complex karst groundwater flow system in northern China[J]. Hydrogeology Journal,24(6):1393-1412.

SWAMEE P K,JAIN A K,1976. Explicit equations for pipe-flow problems[J]. Journal of the Hydraulics Division,102(5):657-664.

TANG R,SHU L C,LU C P,et al.,2016. Laboratory analog analysis of spring recession curve in a karst aquifer with fracture and conduit domains[J]. Journal of Hydrologic Engineering,21(2):06015013.

TINET A,COLLON P,PHILIPPE C,et al.,2019. Om-made:an open-source program to simulate one-dimensional solute transport in multiple exchanging conduits and storage zones[J]. Computers and Geosciences,127:23-35.

TORIDE N,LEIJ F J,GENUCHTEN M,1993. A comprehensive set of analytical solutions for nonequilibrium solute transport with first-order decay and zero-order production[J]. Water Resources Research,29(7):2167-2182.

VADILLO I,OJEDA L,2022. Carbonate aquifers threatened by contamination of hazardous anthropic activities: challenges[J]. Current Opinion in Environmental Science & Health,26:100336.

WANG C Q,WANG X G,MAJDALANI S,et al.,2020. Influence of dual conduit structure on solute transport in karst tracer tests: an experimental laboratory study[J]. Journal of Hydrology,590:125255.

WANG Y,CHEN N W,2021. Recent progress in coupled surface-ground water models and their potential in watershed hydro-biogeochemical studies: A review[J]. Watershed Ecology and the Environment,3:17-29.

WANG Z J,ZHOU H,WEN Z,et al.,2021. A study of the thermal behaviour of exposed karst water systems in a mountainous area of Zigui county, Hubei province, central China[J]. Hydrogeology Journal,29(8):2821-2835.

WHITE W B,2002. Karst hydrology: recent developments and open questions. Engineering geology,65(2-3):85-105.

WINSTON W E,CRISS R E,2004. Dynamic hydrologic and geochemical response in a perennial karst spring[J]. Water Resources Research,40:W05106.

WORTHINGTON S R H,SOLEY R W N,2017. Identifying turbulent flow in carbonate aquifers[J]. Journal of Hydrology,552:70-80.

WU J,LI S C,XU Z H,et al.,2020. Numerical simulation of solute transport and structural analysis for groundwater connection medium based on the tracer test[J]. Water and Environment Journal,34(1):143-152.

WU P P,SHU L C,LI F L,et al.,2019. Impacts of artificial regulation on karst spring hydrograph in northern China: laboratory study and numerical simulations[J]. Water,11(4):755.

WU Y X,HUNKELER D,2013. Hyporheic exchange in a karst conduit and sediment system-a laboratory analog study[J]. Journal of Hydrology,501(1):125-132.

XU Z X,HU B X,DAVIS H,et al.,2015. Simulating long term nitrate-n contamination processes in the woodville karst plain using CFPv2 with UMT3D[J]. Journal of Hydrology,524:72-88.

YANG P H,WANG Y Y,WU X Y,et al.,2020. Nitrate sources and biogeochemical processes in karst underground rivers impacted by different anthropogenic input characteristics[J]. Environmental Pollution,265:114835.

YANG Y,ENDRENY T A,2013. Watershed hydrograph model based on surface flow diffusion[J]. Water Resources Research,49(1):507-516.

YIN M S,MA R,ZHANG Y,et al.,2020. A distributed-order time fractional derivative model for simulating bimodal sub-diffusion in heterogeneous media[J]. Journal of Hydrology,591:125504.

ZARGHAM M,AHMAD B P,EZZAT R,2021. Breakthrough curves of dye tracing tests in karst aquifers:review of effective parameters based on synthetic modeling and field data[J]. Journal of Hydrology,602:126604.

ZHANG L,LUO M M,CHEN Z H,2020. Identification and estimation of solute storage and release in karst water systems,south China[J]. International journal of environmental research and public health,17(19):7219-7219.

ZHAO L J,YANG Y,CAO J W,et al.,2022. Applying a modified conduit flow process to understand conduit-matrix exchange of a karst aquifer[J]. China Geology,5(1):26-33.

ZHAO X E,CHANG Y,WU J C,et al.,2019. Effects of flow rate variation on solute transport in a karst conduit with a pool[J]. Environmental Earth Sciences,78(7):237.

ZHAO X E,CHANG Y,WU J C,et al.,2020. Investigating the relationships between parameters in the transient storage model and the pool volume in karst conduits through tracer experiments[J]. Journal of Hydrology,593(1):125825.

ZHOU C S,ZOU S Z,ZHU D N,et al.,2018. Pollution pattern of underground river in karst area of the southwest China[J]. Journal of Groundwater Science and Engineering,6(2):4-16.

ZHU H H,XING L T,MENG Q H,et al.,2020. Water recharge of Jinan karst springs,Shandong,China[J]. Water,12(3):694-694.